热带雨林之旅

Redai Yulin zhi Lü

雨林，大地的最后的回忆在那里，
人类失落的世界依旧完整，一切正在改变。

张家荣　著

重庆出版集团 重庆出版社

图书在版编目（CIP）数据

　　热带雨林之旅 / 张家荣著；— 重庆 ：重庆出版社，
2011.7
　　　ISBN 978-7-229-04238-7
　　　Ⅰ.①热… Ⅱ①张… Ⅲ.①热带雨林—普及读物
Ⅳ.①P941.1-49
　　　中国版本图书馆CIP数据核字 (2011) 第126018号

热带雨林之旅

Redai Yulin Zhi Lü

张家荣　著

出版人：罗小卫
责任编辑：张立武　朱彦谚
责任校对：何建云
书籍设计：重庆尚品视觉设计形像有限公司·周娟　钟琛

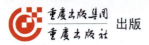 出版

重庆长江二路205号　邮政编码：400016 http://www.cqph.com

重庆裕城经贸有限公司　　　　　制版

重庆华林天美印务有限公司　　　印刷

重庆出版集团图书发行有限公司发行

E-MALL：fxchu@cqph.com　邮购电话：023-68809452

全国新华书店经销

开本：787mm×1092mm　1/16　印张：12.75　字数：170 千字
2011年8月第1版　　2011年8月第1次印刷
ISBN 978-7-229-04238-7

定价：33.00元

如有印装质量问题，请向本集团图书发行有限公司调换：023-68706683

开卷语

　　若干年前我读到一首诗《小小的岛》，作者是台湾诗人郑愁予。这首小诗给我们描绘了一个奇妙而令人神往的热带世界：

　　你住的小小的岛我正思念
　　那儿属于热带，属于青青的国度
　　浅沙上，老是栖息着五色的鱼群
　　小鸟跳响在枝上，如琴键的起落

　　那儿的山崖都爱凝望，披垂着长藤如发
　　那儿的草地都善等待，铺缀着野花如过果盘
　　那儿浴你的阳光是蓝的，海风是绿的
　　则你的健康是郁郁的，爱情是徐徐的
　　……

　　这个小岛的景象我难于描绘。彼时，我正生活在明朗的高原，但显然，热带的诗意击中了我。多年后，我独自走进热带雨林，说实话，雨林比诗意更有魅力。走进雨林，就是走进神秘，新鲜，活力，走进雨林就是走进色彩，声音，芳香，寂静，恐慌，还有某种不可捉摸的感觉。而现在，我们向往着能回归热带雨林，回到原本的故园。但恐怕这只是理想。

　　设想我们居住的地球未来：雨林密布。
　　但我们要接受的事实是：雨林即将消失。

目 录 CONTENTS

MULU

REDAIYULIN

1

CONTENTS

第一章
巨木擎天
ESP.1

Jumu Qingtian

　　太阳还在森林的背面，但面前浓密的植物们已开始伸展身体，窸窸窣窣，摇动叶片，拼足了劲准备迎接阳光的到来。这样的清晨，空气是甜美而晶莹的，我行走在一条架设在高大树木之间的空中走廊，抬头或者低头，都是充满活力的绿色，都有无限的神秘，它们等着我的走近。这样的清晨，我心情奔涌，幻想着自己能一跃而起，长成一棵参天大树，或者是树顶的一片树叶，抖擞精神，迎接阳光。

　　这里是亚洲的一片热带雨林。

● 一些雨林植物像瀑布一样的根

雨林即福地

在一张地球的版图面前看，热带雨林面积并不大，有些杂乱。具体说来，主要分布在以下几个大片，一片是南美洲的亚马逊河流域，一片是非洲的刚果河流域、几内亚湾、马达加斯加岛东部，另一片是亚洲的印度半岛西南沿海、孟加拉湾沿岸、马来半岛南部、中南半岛西海岸、菲律宾群岛和伊里安岛，还有就是大洋洲的苏门答腊岛至新几内亚岛一带、澳大利亚的东北部。

这都是些令人向往的地方。

19世纪，德国植物学家辛伯尔对热带地区的科学发现和资料进行收集整理后，概括性地将潮湿热带地区具有常绿高大的森林植被称为热带雨林，并从当时的生态学角度对它进行了科学描述和解释。这是热带雨林最初的提法。

显然，热带雨林具有独特的外貌和结构特征，与世界上其他森林类型有明显的区别。

现在来看，热带雨林主要的特征还是强调一种原始存在状态：在地质史上，未受到或者较少受到冰川期的影响；

● 潮湿的雨林

在破坏程度上，没有或者较少有人类的开发。在这两个基本前提下，再加上热带地区长期高温高湿的气候和环境，这里的森林因此非常茂盛。

对植物来说，热带雨林是天堂，是福地，是生命的纵情牧场。它们需要的阳光和湿度，弥漫在这里的每一寸土地上。

这里阳光热烈，心潮澎湃。这里更接近太阳，在赤道以及赤道附近，太阳辐射自然强烈。这里各月平均气温在24~28 ℃之间，或者说年平均温度24 ℃以上，最冷月平均温度18 ℃以上。温度高，湿度大，雨林里总是有种类似酒的发酵的气味。这种感觉只有走进雨林里才会有真切的体会，走进去再走出来感觉就更真切了。

这里云雾依依，空气潮湿。这是多雨的地带，信风在赤道附近聚集上升，水汽容易形成云层并带来大量的雨水，年降水量2 000毫米以上，有的地区甚至达到6 000毫米。这是一个什么样的概念呢？我国西部地区的年降雨量约600毫米，相当于这些地区3~10年的降水量。还有，这里的植物蒸腾作用更强，这也使环境时常保持潮湿。

● 夜间开放的玉蕊花漂亮却难得一见

● 雨林里的河流

这里季节消失，热情涌来。这里没有四季，气候变化较为单调，全年皆夏，季节分配均匀，每个月都有植物处于开花期，植物们的果实也并不确定在秋天成熟。植物群落变化不像温带植物那样表现出明显的季相。森林全年都呈绿色，只有老叶脱落时变黄或者变红，落叶一年四季都有，多在春季，有的直接在枝干上就枯败了。一天的气温变化是，早晨晴朗，午前热，午后有雨，黄昏稍凉。

这里资源有限，循环快速。雨林里营养并不丰富，而且大多并不留在土地里，而是在各种生命体之间循环。如果说土地是营养物的银行，那这里的银行是很少有储户的，钱都在不停的运转中。有一点落到地上，也被快速地分解抢走了。

这里植物浓密，生长奔放。这里是地球上物种最丰富的植被类型。全世界有花植物近25万种，其中约17万种生长在热带。这里的许多乔木高大笔直，没有分枝，主干基部具有外露的板状根。这里的藤本植物攀登能力更强，形成藤本的世界。这里有绞杀，有附生，有茎花茎果，有不开放的花，也有巨大的果。

这里竞争激烈，压力巨大。这里面积只占地球表面积的2%，却为地球上50%的生命提供生存场所，生物居民估计有500万～5 000万。研究者统计，一个典型的热带雨林一般在一公顷土地上会有超过480种的树种，而温带的森林通常是由少数几种树种构成。亚马逊一个单独的灌木丛中生活的蚂蚁种类要比整个不列颠岛生活的还多。这里空间拥挤，动植物们想立住脚跟，占据或者租用一个房间好好地生存，实属不易，它们为生存所施展的手段无所不用其极。

● 雨林地面的真菌

● 在雨林地面活动的蝴蝶，翅膀上有奇怪的"眼睛"

● 架在望天树上的空中走廊

垂直的层次

由于热带雨林资源有限，植物众多，持久的争夺战在所难免。

争夺的首要目标就是阳光，没有阳光就没有热带，就没有热带雨林。

长时间争夺的结果，就在热带雨林的垂直方向上形成多个层次，我们可以称之为奔向阳光的梯队。一般来说，热带雨林至少分为5层：上层林冠层、冠层、林下叶层、灌木层和地面表层。当然还有其他的分法，有的也将乔木层分成若干亚层。上层林冠指的是冠层之上30～100米高的树冠，它们高出冠层，形成热带雨林的形象标志。冠层是指树木稠密的林冠所形成的顶层，也有人称其为"森林天篷"。林下叶层是指冠层下面较小的树种和幼龄植株所构成的中间植物层次。灌木层由生长在地面的灌木和幼龄树木组成。地面表层是由众多树木幼苗、草本植物和菌类组成的。这些分层并不总是清楚而明显的，它们也随着森林的不同而变化。

热带雨林的每一层都有自己吸收阳光的方式，每一层都有各自与众不同的与周围生态系统相互影响的策略。

我行走的这一条走廊就架设在上层林冠层高大的树上，它们是高于周围冠层的巨大树木，在一些书里，它们被称为露生树，大约是取"显露"的意思。这些树木至少按照热带的标准是巨大的，它们大部分有60米的高度，它们的树枝水平伸展着，一般在30多米高的空间之上。如果我们问地球上最大的生命体是什么？当然是植物。从这个意义上说，植物才是地球生命的主宰，不是动物，更不是人，我们都是"植物们选择出来的"。这些巨大的树木就是小小的证据。

● 刚从地面上长出来的植物嫩叶

显然，这些巨大的树木是阳光争夺战的成功者，它们成为了热带雨林的指示性植物，也就是说，在其他森林系统中，较少能存在这些巨大的身影。

一般情况下，这些巨木多为常绿树和阔叶树，它们树皮浅色，薄而光滑，树基常有板状根。它们与冠层中的树木生活在不同的空间，也表明了"小气候"的不同。上层林冠层空气比较干燥，树枝间常有较大的风，因此，它们已经很好地适应了这样的空间环境。比如，会充分利用风来传播种子，或者能从容地接受阳光的恩赐，人们称其具有特别的喜阳性。

● 高出树冠层的龙脑香科植物

● 享受阳光的蕨类

● 雨林"天篷"下面的
植物世界

● 棕榈落叶上的真菌

望天树

就亚洲的热带雨林来说，龙脑香科植物显然是阳光争夺战的成功者，它们戴上了亚洲热带雨林的"标示性树种"、"指示性植物"等一些桂冠，仿佛森林选美大赛选出来的俊美男子，获得了格外的青睐，也占有和享用了更多的资源。

● 望天树的树叶获得的阳光最多

有名的望天树就是龙脑香科植物。在中国境内，它只分布在云南西双版纳的补蚌一带。它们的生存地，大部分是原始的沟谷雨林及山地雨林。它们成片生长，组成独立的群落，形成奇特的自然景观。生态学家对它们格外看重，认为它们的存在意义非凡，也就是说，如果西双版纳没有它们，就不能断定西双版纳存在真正意义上的热带雨林。

● 望天树高高在上的树冠适合放飞种子

● 快速生长的望天树

西双版纳的望天树，是1974年首次发现的。当时，植物科学工作者根据勐腊县林业局提供的线索，到补蚌进行考察，并从它的叶、花、果实的结构、形态，鉴定出它是龙脑香科的一个新种，赋予它一个形象生动的名字——望天树。

实际上，傣族人很早就与望天树建立了亲密的联系。当地傣族把它称为"埋干仲"，也就是伞把树，而它们树体高大，树干圆满通直，不分杈，树冠伸展，确实像一把巨伞。

望天树与当地傣族结缘，主要还是它们具有的实用性。它们木材优良，建房做家具，都不错。它们还能产生树脂，傣族寺院的僧人用它们来点灯。也有人用它们熬制"圣药"，人们称之为龙涎香。龙涎香与沉香、檀香、麝香称为四大香中圣品，现在则称为天然冰片，可以清喉润嗓。

望天树树干通直，当然是为了快速长高。它们在树冠以下不分杈，也是为了快速长高。树干表皮光洁，是为了防

● 高出雨林冠层数十米的望天树

● 望天树树干笔直光滑

止攀爬和附生。事实上，望天树这些形体上的策略也是成功的，很少有藤本植物在它们的树冠层盘踞，也很少有大型的附生植物纠缠在它们的树干上。而一些棕榈科植物，因为不具备这些策略，往往被附生植物和绞杀植物折腾而死了。

在中国海南的热带雨林中，青梅是重要的龙脑香科乔木，它们一般高约30米，不能与望天树相比。它们树皮青灰，幼枝和嫩叶密被星状毛，圆锥形花序，花小，白色。果近球形，也有"翅膀"，也是靠"飞翔"来开拓新领地的。它们在泰国、马来西亚、印度尼西亚、菲律宾等地也有分布。

坡垒也是海南的龙脑香科常绿乔木，也叫海南柯比木。坡垒属90余种，分布在印度、马来西亚和中南半岛等地。中国有6种，是海南岛特有的珍贵用材树种。它们的种子也是飞翔者，寿命也短。

● 龙脑香科植物青梅
也是亚洲热带雨林的
标志性物种

我欲飞翔

传承才是目的。

龙脑香科植物有自己独特的传承策略，这也是别的植物很少所能具有的。它们的群落会像约定好的一样，在高高的树冠上几乎同时开花。

更有意思的是，它们的花不仅能同时开放，而且开花时间是没有规律可循的，两次开花之间的间隔有时是一两年，有时却能达到十多年，不像一些植物一年一次开花或者相隔相同的几年一次开花。研究者认为，它们的开花间隔如此这般随意，就意味着可能有效防止捕食者提前作好享用它们种子的准备，这样一来，望天树种子生存的机会就更多了。

想一想，这也是不可理喻的事，它们之间有什么秘密的信号？

龙脑香科植物的花朵也需要昆虫为它们授粉。研究者发现，这是一种特定的小昆虫，虽然龙脑香科植物开花时间不确定，但这种小昆虫居然能在很短的时间内适应它们无规律的开花周期，算是执著的"有心虫"——在间隔期，它们只有少数存活于林下叶层中，依靠其他的花朵来维持生命，当望天树开花时，这些特定昆虫的数量就直线上升，一是帮助这些花朵授粉，二是也扩大了自己的群体。

每棵成年的望天树大约有400万朵花。

每一棵大树大约能结出12万颗种子。

那么多树同时放飞种子，是什么样的情形？

还有一些专家研究认为，龙脑香科植物的开花期和干旱以及厄尔尼诺事件之间有着很大的联系，也就是说，它们可能根据环境来决定是否开花，条件有利就开花，不利就再等等，真是智慧到了家。

● 刚落到地面上的望天树种子

● 刚从地面上长出来的植物嫩叶

事实上，很多热带雨林都可能有这样的调整花期的能力。最近，英国科学家就在研究中得出，植物在基因层面有一个特殊的"温度计"来指导植物延迟或提前开花。他们在《细胞》杂志上载文详细说明，一种特殊的组蛋白是植物的"温度计"。当植物生长的环境温度较低时，这种组蛋白会绑在DNA上，使得一些基因无法发挥作用，从而抑制植物的生长；而当温度升高时，它就会松开DNA，相关基因就可以发挥作用，指导植物较快生长。研究人员认为，一些植物随着天气冷暖延迟或提前开花，都是受这个特殊的"温度计"所控制。

　　展开一点，那么植物身体中是否也有相似的"湿度计"呢？

　　再展开一点，热带雨林里温度和湿度都很合适，是否就可能导致一些移民来的温带植物不遵循原先的季节机制，尽快地开花结果呢？我们现在享用的温棚蔬菜是不是就是这一理论的最好证明呢？

　　温棚就是一个人为的雨林环境？

● 已经萌芽的望天树种子显然没有获得合适的阳光，它们已快腐烂了

　　我想说的意思是，如果真是这样，那么，温度是不是决定植物开花的重要条件？地球变热，气温越来越高，植物就有更多的开花机会？热带植物是不是会更发达？朝着更"智慧"的方向进一步？

　　龙脑香科植物还有一个特点，它们每个果实里只有一粒种子，它们在树上就开始发芽，长到一定程度就脱离母树，下落时利用螺旋桨式的翅片，发挥着降落伞的作用，使已具有根的种子直插土中。这种在树上就先行发芽的现象，也表明了它们对生存环境的极好适应性。

　　它们的种子落到地上，要么很快生长，要么很快腐烂。

　　我在雨林里穿行，正是八月份，算是赶上了一个好季节。望天树的种子已经飘飞，有不少落到地面上来，它们中的一些正迅速地生根发芽，试图成长为一棵树。但事实是，它们中仅有1%或者更小的比例能够存活，能够长成大树的就更少了。

木棉或者轻木

与亚洲不同，南美热带雨林里的木棉树是争夺阳光的成功者。

木棉开花赶得早，一月份，其他地区的冬季它就开花了，而且满树都是花，花漂亮，也热闹，开花时少有树叶。异木棉花淡红色，还带点紫。花开了，叶们纷纷长出来，椭圆形，绿色，漂亮。开花后就结果。叶落去，树头悬挂着拳头那么大的"梨"，很显眼，它们就是木棉树的果实，四月五月，它们的果裂开，里面有棉状物，一团团地飘下来，一小团棉包着一粒黑色的种子，场面壮观，令人动容。

木棉通常采用的是快速生长的策略。现在，它们已经引种到世界各地了。木棉长得高大，除了生长快速之外，还在身上长满刺，防止在小树时期被动物或者植物侵扰。长高大了，刺就变成了疙瘩，最后没有了。

● 木棉树身上长满了尖刺

● 美丽异木棉的花极漂亮，
其主要目的是吸引授粉昆虫

　　说到生长快速，也顺带谈谈美洲热带雨林里的轻木。轻木也叫巴沙木，"巴沙"在西班牙语中的意思是"筏子"，用轻木做筏子具有特别大的浮力。这里面有个传说，哥伦布发现美洲新大陆后，欧洲殖民者争先恐后去抢占地盘，西班牙军队到厄瓜多尔时，看到流往萨摩岛的河流有土著乘着一种特殊木头扎成的木筏，轻快好用，不会沉没，感到奇怪。后来，他们发现这种木头特别轻，而且防腐性也好，于是称其为轻木。现在，轻木已在全世界传播开来，广泛用于航空、航海、隔音、隔热、室内装饰等方面。

　　轻木也是木棉科植物，但属轻木属，而且是该属中的唯一一种常绿乔木。它的策略是生长快速，10年就可高达16米，直径0.5米。也许正因为如此，它也是世界上最轻的木材，每立方米仅有115千克，是同体积水的重量的1/10。它的木材质地虽轻，可是结构却很牢固，真奇怪。

　　轻木的花大，黄白色，着生于树冠上层，仿佛浮在绿叶上。它们的果长圆形，蒴果，由5个果瓣构成，里面也有棉状的簇毛，淡红色或咖啡色的小种子密被绒毛，像木棉的种子一样飘飞。

● 挂在高空中的木棉种子准备飘飞

到这里可以看出，热带雨林这些指示性高大树木，大多是利用风来传播种子的。原因有两点，一是因为高，便于种子的飞翔；二是它们的种子也不适合动物们去传播，它们没能像榕树那样为动物们提供可口的回报。当然，如果有动物喜欢它们的种子，那么它们的种子就是食物，与"种子"无关了。

● 生长在美洲热带的瓜栗花

第二章
宽大的脚掌 ESP.2

Kuanda de Jiaozhang

雨林里的猎人想要找一个地方搭建临时的住所，有一个地方是比较合适的，那就是植物们那些巨大的板根里。在这里，板根构成坚固的墙，只需再弄些巨大的植物叶片来，比如海芋叶、芭蕉叶等等，架在板根上就可以遮风雨了。至于阳光就不用操心了，很少有阳光能漏到雨林中的地面上来。再在地面上铺上芭蕉叶，可坐可卧；再生一堆火，把衣服烤干，把猎物烤干，变成干巴，这样做，一是减轻重量，二是不会变坏；同时也可以解决食物的问题……火灰撒在四周可以防蛇虫。

热带雨林里的猎人也正是这么做的。

● 板根已适应雨林土地的"浅根"规则

适应贫瘠的浅根

植物把根系扎进土壤，吸收水分和营养、供应地上部分的茎干、枝叶生长，这是它们的主要任务。

但不止这些，它们还有其他任务，就是支撑，承受地上部分的重力。

为了更好地执行这两个任务，植物的根系总是在地下向深度和广度两个方向拓展，而地下空间和资源有限，就要与附近的植物展开激烈的竞争了。

一般情况下，地面表层的土壤都较为肥沃，越靠近地面，植物间的竞争越激烈。而在土壤深层，因土壤贫瘠，空

● 印度胶榕的根在地表结成一张大网

气稀少，不利于获得养分和进行呼吸，植物间的竞争并不那么激烈。

但执行支撑任务需要将根扎深扎实啊。

这是我们对根的基本认识。

但是，在热带雨林里情况却有点不一样。这里的根，自然还要适应热带雨林独特的土壤环境。那么，这里的土壤环境如何呢？研究者发现，热带雨林的土壤是贫瘠的，并不含有我们想象中那么多的营养——真是不一样的结论。那么，这样的土地如何维持那么多生命体呢？答案就是，雨林中各种生命体所需要的养分就在那些生命体本身里面，只不过，它们的养分循环的更快而已。简单一点说，雨林中一棵树木倒下，到它被分解成为其他生命体的养分，会在很短的几个月内完成，而且没有机会渗入到地下就被吸收了。而温带森林同一情况的发生，可能要持续数年之久。也就是说，雨林土壤表层近20厘米的部分营养素最为丰富，原因是腐烂的树叶、树木和其他一些有机物正在这里进行分解转化。

由贫瘠的土壤环境所决定，雨林植物的根扎根并不深。为了利用这些资源，冠层树木一般都是浅根，它们不需要扎根太深，那样的话，一是浪费本身的精力物力，不利于快速成长，二是并不能吸收到更多的养分，没有更实际的意义。

浅根的构造和树木的高度就会形成矛盾，就会给树木带来很大的不稳定性，对高大的树木来说更是如此。为了解决这对矛盾，雨林里的高大树木各显其能，进化出了许多的稳定方式，比如说板根、网状根、支柱根和气生根等等。有的根还一专多能，既能支撑，又能呼吸，既能吸收养分，还能绞杀其他植物。

● 海南地不容的球状根并不进入地面

● 露兜树的支柱根在地下扎根并不深

● 一些榕树的根能占领很大的地面

板状根

最有效的是板状根，我们简称其为板根。

板根较为专门的说法是：由乔木的侧根外向异常生长所形成，是高大乔木的一种附加的支撑结构，通常辐射生出，以3~5条为多，并以最为负重的一侧发达。在土壤浅薄的地方板根更易形成。

热带雨林中具有板根的树木十分普遍，使这种板根现象成为其重要特征之一。热带雨林中的一些巨树较大的板根可达10米高，延伸10米宽，形成巨大的侧翼。

早期欧洲探险家们时常对板根做出惊异的表情，主要是他们在欧洲没有见到过如此巨大的板根的存在。试想一下，他们需要十几个人才能够合抱一棵这样的巨树，而且这些巨树也很难砍伐运走，这就使他们在描述时不免添盐加醋。

具板根的植物存在于许多植物中，在四数木科、龙脑香科、木棉科、梧桐科及豆科中较为普遍。

● 既能很好吸收养分又能起到支撑作用的板状根

有名的大板根是四数木。它们是四数木科四数木属，它们的树干在长高长粗的过程中，也把根部像翅膀一样向四周延伸，形成的板根，看起来像一堵堵发散状的墙壁。国内记录中最大的四数木板根在西双版纳境内，有板根11块，出露面积约500平方米，据说比树冠面积还大。其中的一块板根高达8米，出露基座宽7.3米。另一棵生长在补蚌沟谷雨林中的有41.5米高，基部板根14块，出露面积约300平方米，最高的板根7.6米，在地面延伸15米，比我们的房子所占面积大多了。

● 板状根是植物对雨林环境的适应性选择

海南热带雨林的主要树种蝴蝶树也有板根，一般是4~5块的样子，高度一般为3米左右，宽度一般为2米左右，在地面延伸可达9米。

● 四数木巨大的板
状根

常见的木棉树和杜英也有板根。

有专家认为，这些具有热带特征的植物的根，也许是受某些还不清楚的遗传基因所控制，它们还是小树时就具有小板根，就具有气生根，并随树木的长高而加大。

对热带雨林的高大树木来说，板根具有三个方面的意义：一是可以很好地解决头重脚轻站不稳的问题，增强并支持地上部分；二是可以抵抗大风以及暴雨的冲击，不被轻易吹倒或者冲倒；三是能更好地保存水分和养分。

我们房间里的木头衣架利用的就是板根的原理，效果不错。我们的电风扇，也应当用好"板根"。对于板根独到的支撑作用，应当有力学专家来作专门的研究才对。

绞杀事件

绞杀根是一种令其他植物恐惧的手段。

热带雨林中的一些树木，主要是榕树，它们为了支撑高大的地上部分，则另辟蹊径。它们一方面将根系尽量向土表延伸、扩张、形成地面根。而且这些地面根能相互愈合，长到一起，结成网状，人称网状根。这样做的目的，不仅是占领地面，而且很有效地阻止了其他植物对其领地的入侵。另一方面，它们像附生植物那样或者就是附生植物，落在其他植物树干上的种子，先在空中生根发芽，将最初的生存基础建立在树干上，然后延展长长的根，最终到达地面，扎进土中。这种根未扎进土地之前可以称为气生根，扎进土地后可称为支柱根，并最终形成"独树成林"的景象。

● 其他树被榕树绞杀吸空后留下的空洞

● 独木成林的榕树

● 榕树密密麻麻的气生
根罩向地面

还有，它们还利用根来制造"绞杀"事件。"绞杀"是榕属植物对其他植物所实施的不文明的刑罚，没有经过审判，没有公示，事实上，被绞杀的对象也并没有罪，而且对榕树是有很大益处的，它们就被施刑了，可谓恩将仇报。

利用根来进行的绞杀过程可以这样描述：

步骤1　搭上便车。鸟类或者生存在树冠层的其他动物们享用榕树美味的果实。这是一场盛宴，有很多动物居民参加，有人统计过，一棵榕树上可能出现数十种动物来赶赴榕果盛宴。雨林中的这种盛宴并不是每天都发生的，因为榕树也无法占领完整的一片领域，如果是那样，那就不是热带雨林了。各种榕树占据在不同的地方，然后在不同的季节结出不同的果实，提供给动物们。原则上，动物们，尤其是灵长类，也就是猿或者猴子，它们享受的食物人类也可享用。我尝试过很多种成熟的榕果，味道不错，淡淡的甜，只是里面细小的种子感觉像掺在南瓜里的沙子。

步骤2　四处游走。享受过榕果的动物们在雨林里四处游走，消化了果肉，但细小的、不易消化的种子却被排泄出来。树枝上或者地面上，人类的建筑物上或者巨石上，都可以。因为有动物的粪便的包裹，它们有了生长的基本养分。

步骤3　实施绞杀。它们的种子似乎可在任何地方生根发芽。它们在其他植物体上长出气生根，紧紧缠住附主，形成网状，向下扩展生长，直到伸入地下生成正常根系——地面才是它们最终的目的。然后，它们从土壤中吸收养分，加快生长，网状根膨大，愈合为网状茎，最后形成一体，而附主植物则被绞杀，然后分解消化掉。

绞杀榕可谓心狠手辣，一箭三雕：它们在其他树干上占据空间，获得阳光；绞杀附主，获得营养，附主几十

● 榕树的绞杀根

年艰难生长所获取的雨林资源，最后都变成它的了；它们还占据了附主原来的空间，在拥挤的热带雨林里，这也是非常重要的生存条件。

　　与地面上生长的榕树相比，绞杀榕的生存优势极为明显，因此，它们正努力完善这种生存策略。等其他树木明白过来的时候，它们已经所向无敌了。

支柱与呼吸

　　支柱根也是综合选择的结果。它们是植物的不定根，某些植物能从茎杆上或接近地表的茎节上，长出一些不定根，向下深入土中，形成支架以支持植株的直立生长。

露兜树的支柱根最为有效。它们是单子叶植物，存3属，约700种，主要分布于东半球热带地区，我国有2属，8种。它们明显的支柱根，时常使我产生一种设想，生活在热带地区的人如果不想搭草屋，是不是可以将那些巨大的露兜树中间的支柱根砍去，留着周边的作为茅屋的支架，再用露兜树长长的叶条编织成屋顶，成为永久的热带小屋？

原产美洲热带的玉米也有支柱根。玉米现在已被人们广泛认识了，它们也不仅仅能在热带生长。但是，数百年前，它们是美洲真正的雨林植物。它们的茎秆接近地表的几个节上，会在四周生出许多不定根，斜向伸入土中，形成支柱根，支持玉米秆的直立，减少倒伏。

甘蔗的支柱根原理与玉米是一样的。

一些热带海岛上的某些棕榈也长有支柱根，比如塞舌尔群岛上的扶摇棕。

呼吸根也存在于热带雨林中。

某些植物由于长期生活在缺氧的环境中，逐步形成了一种向上生长，露出地表或水面的不定根。它们能吸取大气

● 生长在水中的露兜树

● 甘蔗的支柱根

● 露兜树结出的硕果

中的氧气，以补充土壤中氧气的不足，具有这种性能的不定根就是呼吸根。

热带雨林多雨、潮湿，尤其在长长的雨季，土壤中的水分总是处于饱和或近于饱和，树木的根系确也没有必要进入到营养和空气都缺乏的深土层去，生长于地表的呼吸根就成为必要，同时也发挥了支撑作用，可谓两全之策。

榕树的气生根就具有很好的呼吸能力，而且能发展成支柱根，支撑庞大的树冠。

在热带雨林中，还有曾经生长在海边的红树林成员，比如在西双版纳就发现有山红树、竹节树和锯叶竹节树等。这些植物由于地质变化，沧海桑田，留在与大海无关的土地上，并逐渐适应了新的环境。它们还改变了在海边生长的一些习性，比如逐步适应了热带雨林酸性的土壤和潮湿的环境，再比如改变了在海边时种子在母体上萌发后落

● 红树新长出的呼吸根

● 棕榈树无数细小的呼吸根

下生长的胎生习性——这种习性其实是为了在海水中更好地传播种子，要么插入海边的泥地中，要么随着海水漂流寻找新的地方安家。

没有了海水，改变是应该的，也是必然的。

但，这些红树并没有将遗传基因全都放弃，它们在海边生存时所需的呼吸根依然保留着，因为雨林的环境也需要它们，需要支撑，需要呼吸，为什么不留下呢？其他植物想演化也不容易啊，更何况它们本身就有。

在热带雨林中，无论是板根、网状根、气生根、绞杀根还是支柱根及呼吸根，相对于它们的茎秆，都是巨大的。与其他森林系统的植物相比，它们的根也是巨大的。

这些巨大的"浅根"，在雨林的地面结成一层层的网，它们和菌根一起交错纠缠，快速地争抢着有限的营养。

● 塞舌尔群岛的扶摇棕也有支柱根

第三章
长藤善舞
ESP.3

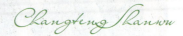

我喜欢电影《森林王子》。这是一部据鲁德亚德·凯普林所写的《丛林奇谭》而改编拍摄的电影，1967年，迪士尼推出动画版《森林王子》，1994年，迪士尼再度推出真人电影版《森林王子》。两个版本我都喜欢。

故事大致是：1871年，英国上校布莱顿带着女儿凯蒂前往印度，一对印度青年夫妻及两岁的儿子莫基里成为他们的向导，凯蒂和莫基里也成了好朋友。某天晚上，一只老虎偷袭军营，印度青年不幸身亡，其子莫基里在混乱中落入深渊，最后被野兽救起，从此莫基里在森林里生存下来，与动物为伍，学会丛林生存的本领。直到有一天，他遇到幼时的伙伴凯蒂⋯⋯

关于电影故事，我不想过于纠缠了，我想"纠缠"的是电影里面那盘根错节的热带雨林情景，使人难以忘怀。假设一下，如果没有那些奇妙的藤本植物，热带雨林还会那样充满魅力充满想象吗？《森林王子》还能那么迷人吗？

但藤本植物并不那么简单。

● 雨林的下层有较大的空间适合开花挂果

扁担藤之谋

在雨林里，我比较熟悉的是扁担藤。

前面说过，雨林有着独一无二的结构，这种结构由一些垂直分层组成，包括上层林冠层、冠层、林下叶层、灌木层和地面表层。其中冠层被称为天篷，因为它有效地挡住了阳光，使梦想中的阳光无法照进现实而阴暗的地面。也因此，在原始的雨林里，地表植被并没有稠密到使人难于行走，正相反，这里存在一些难得的空间。

● 扁担藤老茎挂果

冠层因为有浓密的枝叶，所以有众多的动植物居住其中，它们当中的极大多数已经以自己的方式适应了这种枝繁叶茂的世界。在热带雨林里，有人估计有90%的物种存在于冠层生态系统中，另外，人们还大致确定热带雨林里生存着地球上大约50%的物种。以这个比例计算，热带雨林的冠层部分可能生存着地球上45%的生命。

在冠层中当然有大量的藤本植物。在这里，我们主要认识一下具有热带雨林特点的木质藤本，它们是组成热带雨林植物的重要部分。而在温带及其他地区，这样的木质藤本则较少，或者说在森林里形不成规模。

研究者还确认，木质藤本植物众多就是热带雨林的一个重要植物类型特征。

热带藤本植物大约包括90个科，超过2 500种的物种。它们当中有大有小，有长有短，最长的可达数百米，与森林中巨大的树木争抢资源。对它们来说，足够的长度可使它们进入树冠层，而进入树冠层就意味着成功，就意味着将会有更多的机会获得生命所需要的阳光。

非洲雨林里的白藤，藤茎特别长，而且很纤细，一般长达300米，最长的可达500米。白藤以树干作为支柱，长茎下坠，在树干之间盘旋缠绕，能伸能缩，不易折断。

● 据说可以酿酒的扁担藤果实

● 扁担藤的老茎里面奔流着"泉水"

扁担藤因藤茎扁而宽，形如扁担而得名。一眼看上去，确实像小时候常担在肩膀上的扁担。它们的长度虽然没有数百米，但几十米还是有的。藤子较宽，最宽的据说可达50多厘米，也就是半米宽，这就不能算是扁担了。它们的厚度却不够，从几厘米到十多厘米的样子都有。它们的这种形体，当然也是为了更适合攀爬，不像一些圆藤，容易滑动——当然，圆藤也有自己的攀爬固定方式，比如以更小的藤茎抓握，或者以刺来固定，等等，不一而足。

在雨林下面，我们看到的扁担藤并没有枝叶，就是那么一根盘旋的藤子，而且是那种很"硬"的藤子。这又是什么原因呢？其实，这也是它们重要的生存策略：节省资源，多快好省地发展藤子，尽量先往空中走。

扁担藤当然也需要叶片来进行光合作用，要不然它们也用不着长成藤本往高处去。它们将叶片伸展在冠层之上，就像树木的叶片总是往高处生长一样。到了冠层，它们的生活就比它们所攀附的乔木好多了。原因很简单，它们获取阳光的成本很低，树往上长高一点的成本比藤子长长一点的成本也高多了，要不然，为什么树木只有80米高，而藤本植物的藤子可达500米？如果将这样的长藤变成一棵垂直生长的树会是一个什么情况呢？是不是可以攀附它进入天堂或者云层里去了？

藤本植物在冠层的优势还在于它们能四处游走，仿佛长了腿的家伙，哪里阳光好就朝哪里爬过去，而且总是将叶片覆盖在自己所攀附的树叶之上，树木拿它们却毫无办法，真是得势的小人作派。

扁担藤传承生命的策略也很到位。我们知道，老茎开花结果现象是热带雨林的另一个典型特征，它们多产生在乔木身上。但扁担藤却是热带雨林中为数不多的具有老茎开花结果现象的藤本植物。如果注意一下，会发现它们的花果大多出现在藤茎基部，有的甚至贴着地面生长。它们的花是一团团的，呈淡紫色，虽然每一朵都很细小，但数量极多，谋的是以数量取胜的路子。

我是八月份进入热带雨林的，热带雨林的扁担藤的果实已经快成熟了，它们一粒粒地挤成一团，一团又一团，就

● 扁担藤从形象上看确
实像扁担

● 藤蔓纠结的雨林
环境

那样缀在藤茎上，使人颇感意外。它们的果实幼嫩时绿色，较酸，成熟时棕红色，变软，汁多，微甜，可食用，自然有动物愿意来帮忙传播种子。据西双版纳傣族民间传说，它们的果实还可以用来酿酒。我没喝过，也没见过，不知味道如何。但写到这里，有一点后悔，为什么当时不找一些成熟的果子尝一尝？

扁担藤在老茎上开花结果，花果都很容易被动物看到，这是它们的目的。如果它们的花果着生在冠层的枝叶里面，那么谁会注意到它们的存在呢？

● 被藤子折断的树枝

目的决定手段

实际上，大型木质藤本最初是以灌木的方式在地面上生长的。

热带木质藤本生长迅速，这主要是它们在生长中依靠其他植物作为支撑，节省了资源，在长度上作考虑，也就是说不考虑去长一根什么样的树干来支撑，而把更多心思和资源放在快速的生长上面。

● 藤本植物生长迅速

● 磕藤子巨大的果实

在冠层，藤本植物的树叶可能占了所有树叶的40%。对雨林中的乔木来说，这是一个恐怖的数字，意味着它们所承担的重量将近一半不属于自己的，再加上附生植物的重压，也因此，很多乔木被压倒了。所以说，在雨林中长成一棵乔木是很不容易的。可以联想一下人类，如果一个社会环境里的人都没有正面的规则意识，都想着投机或者揩油，那么，那些乔木样的社会支柱就会被压倒。

树倒了，藤本植物却没事，它们继续寻找攀爬的对象。

很多年之后，热带雨林将是藤本植物的世界。

我们人类的现实环境是这样的吗？

还有，这些大型的木质藤本并不像那些缠绕植物，生长几个小爪或者长几根卷须，沿着竹竿往上攀。它们大大方方地穿梭在高大的树木之间，利用分枝占领不同的地

● 曲折生长的木质藤本

● 被藤本植物攀附的乔木常因
过多的负重而死亡（左）

● 长着尖刺的藤本植物见血
飞（右）

方，一枝没有附着，另一枝也会有。如果都没有，在林间空地里盘旋一段时间也是可以的，直到找到高大的附着物。

很多木质藤本还能有效控制自己长叶和开花结果的时间。它们热爱阳光，但是攀上树冠之前的很长时间，却具有很强的耐阴能力，长时间接受不到阳光也不会有事。而很多植物则没有这样的能力，长时间享受不到阳光就会死去。在林下时期，它们叶片较少，很少分枝，也很少开花结果。它们的叶芽能长期处于休眠状态，而主要将营养用于主茎的生长上，拼命往上闯。它们的这种特性，可谓能屈能伸，阳谋与阴谋并举。但一旦它们爬上树冠之后，有了充足的阳光，就会迅速分枝、长叶片，甚至覆盖了支撑着它们的树冠。同时，迅速开花结果。

在这个过程中，可以看出阳光是它们叶芽生长启动机制的决定因素，其体内的感光体能感知到阳光并确定能量供给的方向。

还有，这些藤本植物的藤茎具有十分发达的输导组织。想一想，能向离根数十米甚至上百米外的枝叶和花果提供充足的水分和养分、保证其快速生长，这是一个什么样的概念？这是不是我们常用的大功率抽水机？

扁担藤的茎内有汁液，有"泉水"。据说，过去西双版纳的傣族猎人进山一般不带水壶，渴了，就砍一段扁担藤解渴，是很好的天然饮料。我看过境外有人拍摄的纪录片，确实有人这样做，而且水还不小，可以痛饮。

前几年，有科学家对热带藤本植物攀爬到冠层顶部的一些机理进行研究并评述说：藤本植物为了附属于它们的寄主和爬到森林的冠层，有着广泛的适应性……这些适应性包括孪生的茎，从茎部开始紧抱的卷须，叶子和树枝的修饰，刺和小尖连接着藤本植物和它们的寄主，向下连接着的须，粘连着的偶然的根……这些有着不同的攀爬机理的藤本植物会对森林的现有机制造成扰乱。

这段论述对热带藤本植物的手段列举可谓详细，对藤本植物的极度演化给未来热带雨林带来的危害有着足够的认识。

2005年，研究者对藤本植物又有了一些惊人的发现。他们通过分析世界范围内69种热带雨林的数据，发现大量的藤本植物与降雨量有着消极的关联，而与季节性有着积极的关联。简而言之，就是藤本植物有较深的根和高效的输送系统，它们可以在旱季不受缺水的限制，而其他的植物则会在旱季处于相对的休眠状态，落去部分叶片。再进一步说，就是藤本植物在旱季长得更好，也更有能力骑在其他植物的头上。

近期，又有人通过试验证实，藤本植物在干旱季节生长的长度是7倍多，而在湿润的季节只长了2倍。

它们在别的植物睡觉的时候抽薪断火！

如果未来的热带雨林真是这些藤本植物的世界，那么我们对雨林的迷恋将建立在什么地方？

● 一些棕榈植物也是恐怖的藤本植物

● 因像龙的胡须而得名的龙须藤

● 雨林里到处是巨大的木质藤本植物

● 藤本植物依靠其他植物支撑向上，节约了生长的成本

另外的意义

对热带木质藤本植物所攀附的树木来说，它们就是"蛇蝎"，而且这些藤本植物从形象上来看，确实也差不多。由此是否也可以推测，地球上的大部分生物对细而长的生物体怀有某种天然的恐惧。

对于藤本植物的纠缠，当然意味着被纠缠的树木自身的生长受到抑制。好在，雨林树木也有自己的反制措施。许多棕榈树和蕨类植物会周期性地脱掉叶子，而其他的树种会以失去自身的树枝来摆脱藤本植物，照人类的说法就是"宁为玉碎，不为瓦全"。

一个研究巴拿马藤本植物的专家说，摆脱这些恶意的藤本邻居对树种来说是有利的，因为通过截断运输系统可折断藤本植物的连接和扭结。

● 藤本植物是进化中产生的投机分子

　　但，我不这么认为，因为一些藤本植物通过缠绕和弯曲已经适应了这种所谓"折断"机制，它们攀附的能力更强了。

　　跳出来看，藤本植物的存在对整个热带雨林来说也有着一些积极的意义。有研究藤本植物的专家指出，藤本植物可以抑制树木的更新，增加树的死亡率，为动物提供大量的食物来源，给树木之间提供物理连接。还有人说，它们也为树居动物提供了冠层之间的通道，对小动物，比如说蚂蚁，它们就是立体的高速公路。另一些人还说，热带藤本植物对热带雨林总体的物种多样性也有很大的作用，等等。

● 藤本植物护耳草球兰

　　但个人认为，热带藤本植物来势汹涌的根本意义不在这些表象上，而在于，它们激发了其他植物的反制机制，或者演化出有效的反制机制，并可能在一定的方式上制约和控制藤本植物的扩张态势，并最终将其控制在雨林所应有的规则之内。

　　从雨林里出来的人类已经不守规则了，如果在雨林内部还有藤本植物不守雨林规则，那么雨林一定是乱套了。

● 藤本植物的过度纠缠可能会激发其他植物演化反制机制

空中城市

第四章

ESP.4

在雨林里行走，我们会不时抬起头来，希望看到一线阳光。在这个过程中，想必一定有人像我一样痴想过，如果我们是某种植物或者小动物，将我们的家安在巨大的树上，那是不是很有诗意？

——尽管人类从树上下来并没有多久，但回到森林的路太遥远了。没有雨林，回去的路在哪里？

● 一些附生植物利用气生根茎四处攀爬

与丛林无关

  在雨林中穿行，并不像在雨林的边缘或者热带的荒地上那样使人迈不开脚，或者是不敢迈进脚去，因为这些地方的植物太过于密集了，它们还没有形成森林，低矮的植物们正在疯抢大片倾泻下来的阳光，一点空间都不留。而雨林，则有明显的空间感，因为阳光难于到达，地面植物较少，可以很好地穿行。雨林里，不仅大象可以穿行，孔雀可以穿行，我也可以很好地穿行在里面。

  这是两个很有区别的地方。

  在雨林的冠层，树木形成了很厚的"黑幕"，人们称其为天篷。这个天篷不仅阻挡了阳光，而且还阻挡了风和雨，正像我们小时候钻进巨大的油纸伞一样，它能将天空里的一切暂时隔开。

  雨林地区下午总会有一场雨，如果我们正在雨林里行走，我们一定是先听到雷声，如果有的话，然后就听到了混杂的雨声，像一张幕布一样从远处扑过来，再然后，雨点就叭叭地打在头顶上，然后就是细碎的滴嗒声。但是，并没有雨点打在身上，这让人以为下雨只是一种错觉。实际上道理很简单，头顶上如此众多的枝层阻挡和收集了雨水，还有众多的附生植物也想尽办法留置雨水，有鸟巢状的植株接，有盘状的叶片接，有毛绒绒的根接，它们还阻挡了风，保持了相对的安静。

直到很久以后才感受到雨落下来了。

但黑暗逼人。

走出雨林，到雨林的边缘，才会长长地松一口气，因为黑暗以及由黑暗形成的恐惧感留在身后了。阳光正照在身上，步子却迈不开了。在这里，各种植物正努力竞赛长高，争抢阳光，形成浓密的"丛林"。它们经常占据着雨林的边缘、河流，被人类放弃的荒地"等等"一些上层有空间的地方。

它们正在成长为雨林。

● 附生在树干上的石斛兰

● 真菌也喜欢在树干上安家

● 附生兰花是重要的空中居民

空间漫步

那么，雨林深处，那些应该纠缠我们的"草本"植物到哪里去了呢？

原来草本植物们将生存空间都往高处搬去了。它们在空中建立了家园，使雨林真正成为生物的立体城市。虽然在意识中"空中的立体城市"是诗意的事，但在我们的词汇里却是那么势利，它们的这种生存状态被称为"附生"。

这虽是一个功利心极强的词，但它是揭示了生存的本质。

还是来看看附生吧。它是指两种生物虽然能紧密地生活在一起，但彼此之间没有营养质交流，它们是雨林中重要的"现象"之一。

据统计，全世界约有附生植物65科850属3万种，单在热带就有超过1.5万种。

这些空中居民租住或者借住在其他植物体上，主要是高大乔木的枝干及树丫上，脱离了地面，仿佛我们在高楼上生存并不需要下到地面去一样。当然，这个比喻可能有点

● 附生在树干上的蕨类并不对附主造成伤害，只不过增加了一些负重而已

● 附生植物构成的空中城市之一角

苔藓是较小的附生居民

不确切，但没有足够高大的树让我们一个村庄都搬上去住啊。如果真有，植物的世界就更奇妙了。

在空中，这些植物居民们自己生火做饭，自己谋生，自己吸收水分、制造养分。它们能够在这样的地方居住下来，是因为这里最容易堆积尘土，收集枯枝败叶，这正是它们所需要的食物。另外，这些空中居民一般不会过度打扰房东，也不会对它们造成损害。它们也出点"租金"，作点贡献：它们努力维护着雨林的生态系统，保持着多样性的雨林成分，努力循环着雨林里的养分和水分，有时，它们还对环境的变化作点指示。

附生植物与寄生植物是有区别的，主要是对于寄主树木的态度不同，附生就是前面所提到的，它们并不从房东那里获取营养。而寄生则是对生存的一切需要，都从寄主那里获得，它们就是生长在牛身上的牛虱。

附生植物的生活方式是符合雨林规则的，虽然并不被鼓励，但也不被反对。它们的生活方式，无非也是为了让自己获得更多的光照，接触更多的冠层动物传粉者，让风传树种的可能性更大些。

天南星科植物众多的气生根茎在空中漫步

热带雨林之旅

我现在已经不喜欢"空中花园"这种说法了，尽管它可能还是比较形象的比喻，但它是从人的立场来看待附生植物的。对植物来说，它们是居住在一个立体的城市里，这样的城市，对于我们人来说，只有在科幻电影里才出现。为什么在电影里设置这样的场景？那是因为我们需要。

　　雨林中附生植物家族大部分是蕨类植物和开花植物，大都也是我们所熟悉的，比如蕨类、地衣、苔藓，比如凤梨和兰科植物。

● 兜兰和绝大多数兰花
一样都是附生植物

● 一些仙人掌植物也利用
气生根来实施附生策略

蕨类之策

蕨类植物是从恐龙时代遗留下来，它们是高等植物中比较低级的一门，也是原始的维管植物。它们的形象带着远古的气质，尤其是它们卷曲的嫩叶，似乎隐藏着生命无穷的秘密。

地球上生存的蕨类大约有12 000种，分布世界各地，但其中的绝大多数分布在热带亚热带地区。中国约有2 600种，大多分布在西南地区和长江流域以南。这一带也是亚洲，或者说是世界蕨类植物的分布中心之一。我的故乡云南的蕨类植物种类就达到1 400种左右，也算是中国蕨类植物最丰富的省份了。

蕨类植物的附生也和它们的传承有关。它们和苔藓植物一样具有明显的世代交替现象，依靠孢子传承生命。这个过程需要水，需要潮湿，而热带雨林正好就提供了这样

● 巢蕨利用独特的巢状植株收集空气中的养分和水分

● 蕨类植物的孢子是一些甲虫的美食

的环境。它们附生在高处，有利于孢子的飞翔，也有利于找到合适的潮湿之地。

　　大型的附生蕨类主要是巢蕨和鹿角蕨。在雨林深处，在树冠的浓密里，视觉所及，只要稍稍用心一点——不用心，似乎什么也没有看到——就能看到它们独特的形象。巢蕨就是一个大型的"鸟巢"，它的名称来源于它的形象。这种由绿色的剑状叶片构成的植株，紧紧地拥抱着粗壮的树干，然后用它们的巢状植株接受空中落下来的雨水或者雾气，再接受落下来的枯叶、果实或者小动物的粪便，这样它们就获得了水分和养分，分解消化供自己享用。它们还有更重要的附生策略，它们生长在叶片背面的孢子成熟了，些微的空气流动，就能使它们飘飞，然后，至少有一部分又落于高高的树枝上，新的生命体开始了。

● 巢蕨叶背上线条状的孢子

　　鹿角蕨的情形大同小异，只不过它们有两种叶片，一种像一个个扣着的碗，紧紧地包在树干上，而且每一个叶片都能扣住流经的水分和养分。另一种像鹿角一样的叶片就是繁殖叶，养育孢子，放飞孢子。

● 树干上新长成的蕨类植物

● 干枯的蕨叶也会变成
其他植物的养分

● 紧包在树干上的鹿角
蕨

凤梨、兰花及天南星

凤梨科植物也是热带雨林的特有物种，大约50属，近2 000种。它们的叶片大多生硬，向上翘着，有的还在边缘长满了刺。这些叶片也像鸟巢蕨一样，围成一个巢状，也可以接受水分和养分。不过还是有一些不同，鸟巢蕨的叶片要软得多，另外，凤梨的"巢心"里会长出一丛花，最终结成果实，养育种子。

在冠层，由落叶、枯木、果实和动物粪便腐烂而成的肥料是很丰富的。

一些凤梨还与动物建立了共生关系。它们能够储存不少水分，不仅是供自己用，还为冠层中的许多动物提供了饮用水，甚至还作为一些物种的栖居之地，因为这里确实有大量的昆虫幼虫在它们的"水池"里生活。

有一种凤梨的"水池"是一些箭毒蛙蝌蚪的托儿所。雌蛙在树叶上或者地面洞穴里产卵，蝌蚪孵出后，它们就背着蝌蚪爬到高高的树上，将它们交给凤梨，在凤梨的"水池"生长，直到尾巴消失，变成树蛙。在凤梨这里，这些蝌蚪就以水池里正在发育的昆虫为食，比如蚊子的幼虫等。

● 凤梨的大多数种类都是空中居民

● 人工培育的凤梨

另一种漂亮的红色的箭毒蛙还每隔几天就为它们的孩子排一只没有受精的卵，作为小蝌蚪的食物。它们一般有五六个孩子，每一个凤梨的"水池"里都只有一个孩子，奔波在不同的"水池"之间，它们也够累的。当然，这也是它们的骄傲。

真得感谢这些凤梨提供的方便。

那么，箭毒蛙是否也为这些凤梨作出了贡献呢？原来，凤梨"水池"中生物的粪便及食物碎屑正是它们所需要的。

另一种凤梨会为一种带刺的蚂蚁提供生活场所，这些蚂蚁也为它们提供一些食用后的废物或碎屑等养料，其他种的凤梨也有不少从蚂蚁群的废弃物中获得养分的情况。

兰科植物是种类最多的开花植物，约有18 000种。它们虽然数量众多，却只有少部分在地面上生长，大约70%附生在其他植物上。

兰科植物能很好地适应热带雨林冠层中的生活，主要是它们的根有很大的表面积，能够快速吸收养料和水分，它们中的一些还能利用肥厚的茎来存储大量的水，以便干旱时维生。

　　兰科植物还有另一个适应雨林生存的策略，就是利用无数极为细小的种子在风中飘飞。它们利用数量来解决生命传承的机遇问题，利用风来解决生境的扩张问题，而且它们的种子据说还有衣状物以便作远距离的旅行。它们的策略显然是成功的，它们可以称为进化较为彻底的植物。

　　天南星科植物虽然依靠鸟类及其他小动物来传播它们包在浆果里的种子，但它们也有很强的附生能力。它们的种子落在树干上就在树干上成长，落在地面上就在地面上成长。它们的根具有很强的攀附能力，它们也可称为藤本植物。它们还有气生根，能在空中吸收水分，甚至有研究者证明它们还能吸收养分。至于阳光，它们巨大的叶片就是为收集阳光而存在的。

● 附生兰花能更有效地利用风来传播种子

● 空中居民印尼领带兰，以腐臭味吸引苍蝇授粉

需要解决的几件事

　　总结起来，雨林中的空中居民们能做好以下几件事：

　　很好地解决生存所需要的阳光、水、养分及矿物质。它们站得高，就有更大的机会获得阳光。往高处走，阳光本身就是重要的诱因之一。至于水，叶片可以收集水分，根可以吸取水分，气生根甚至可以从空气中吸收水分。至于养分和矿物质，树丫、裂缝、沟槽等等一些地方都能帮附生植物收集并供应，再加上附生植物本身的收集，真不少了。有人观测统计到，巴西马瑙斯附近的一个地方，每年每公顷土地

● 兰花在空中更显漂亮

● 一些兰花用粗壮的茎叶存储水分

因为降水而带来的磷就有3千克，铁2千克，还有10千克的氮。还有，一些动物的粪便也是它们的重要营养物。

很好地解决授粉的问题。这是对开花植物而言的，颜色、花形、香味、花蜜、温度，都是附生植物所采用的策略和手段，也是提供给授粉者的指示和好处。对于利用风来授粉的空中居民，与地面上的同类相比，它们站得高飞得远，条件好多了。至于蕨类等利用孢子进行生命传承的居民们，高度和湿度都是它们所需要的。

很好地解决种子传播的问题。产生数量众多的种子是一些空中居民的重要策略，这也是为了保证至少部分能找到条件适宜的萌芽生长之地。将种子无限变小变轻，能随风飘散，是兰花等一些空中居民善用的手段。一些附生植物美味的果肉是为鸟类及其他小动物们准备的，同时也顺便请它们帮忙传播种子。

● 人类的建筑也是空中居民的好去处

● 水分的有效获取是凤梨定居空中的重要因素之一

第五章
巨叶及其他
ESP.5

Juye Ji Qita

午后，又是一场阵雨，雨林里那些层层叠叠的叶片像一只只手掌，将雨水接住，然后漏一些下来，似乎是有意的也是无意的。

雨季，雨林里总有这样的阵雨。而在旱季，这样的场景则在浓雾弥漫的清晨才能体会到。那时，人的世界，包括森林的世界，都在雨雾里。这种由小水滴形成的雨雾滋润着旱季的雨林，使它们显得娇嫩而妩媚。

为了避雨，我们可以钻到雨林溪流边植物们那些巨大的叶片下。这些巨大的叶片，主要是由芭蕉类、天南星类植物构成，当然，棕榈以及箭根薯类植物也有巨大的叶片。这些叶片如此之大，以至于我们不仅可以在下面躲雨，而且可以当床铺使用。

● 巨大的芭蕉叶颇具热带风情

野芭蕉

● 芭蕉的花蜜吸引了众多蚂蚁

　　最容易被我们注意的巨叶植物是野芭蕉。它们大多生长在雨林里小河或者水池边，因为在这些地方它们才有生长的空隙。而且，在雨林中，它们很难形成大片，因为这是雨林规则所不允许的，因为有很多种其他植物在制约着它们。

　　芭蕉类植物为了生存，也使劲往上长，这就导致它们的茎干细长，与人类培育出来的品种是有区别的。它们虽然也能长到两层楼高，但并不是真正的树。它的茎是软的，由卷起来的叶柄构成。这种巨型的草本植物每株刚好结一串果实，而这串果实成长的过程也很有趣，最初花的方向是朝向地面的，可以理解是为了让昆虫钻进花管更好地授粉，但授完粉结果时，它们的果尖却慢慢地指向天空了，这是一个奇怪的变化过程。植物的任何改变都应当不是无缘无故的，那么，它们这样做的目的是什么呢？为了便于种子成熟和传播？

　　还有，雨林里野生芭蕉的果实并不像我们所吃的香蕉那么美味和方便，尽管它们也含有丰富的淀粉、糖分和多

● 芭蕉叶上的蝴蝶卵像精美的艺术品

● 漂亮的芭蕉叶

● 停息在芭蕉叶背面的蕉弄蝶

种维生素，但它们里面长满了黑色的种子，大致和豌豆大小差不多，很坚硬，吃起来磕磕绊绊的。对雨林中的小动物来说，它们成熟的果实已经是美味了。当然，享用它们也得付出些劳动，帮助它们传播种子。

雨林里的野象也喜欢野芭蕉。它们在森林里踩出一条条"象路"，无非就是为了寻找水、食物以及某些带咸味的能帮助它们消化的物质。

在雨林的下层，芭蕉这些巨大的叶片就是为了更好地吸收阳光，阳光就是能量。

雨林下的阳光是一个什么样的情况呢？研究人员在西非雨林中观测总结出来：在林冠顶部46米处，观测到的全光照为10万个单位，树冠内大约33米处则降到2.5万个单位，而在1米高处只有800个单位，也就是大约只有1%到达这里。

对生活在热带的人来说，芭蕉叶却有更实际的用处。比如傣族用芭蕉叶包裹大米在水中泡一泡，然后蒸成粽子类食品。比如将芭蕉叶用火烤软，包蒸剁碎的肉类，味道很好。芭蕉叶还可以用来包烧，就是用众多的作料烧烤肉食，烤出来的肉类味道更加鲜美。

● 美洲热带的蝎尾蕉，叶大，花也很漂亮

芭蕉叶还是天然的炊具和餐具。傣族老猎人在森林中，所有生活都离不开芭蕉。吃饭时，用芭蕉叶包烧菜肴，用芭蕉叶煮青苔汤，用芭蕉叶作碗，吃不完的还可以用芭蕉叶带走。休息时用芭蕉叶垫着，可坐可卧，干净整洁。

　　野芭蕉的叶片正在扩大。为了获得阳光，很多草本植物都在进行一场比赛，这场比赛就是将叶片的面积和功能无限扩大。

● 啃食芭蕉花的甲虫

● 长长的芭蕉花序

美洲热带雨林里生长的蝎尾蕉也有很大的叶片，但它们的叶片没有芭蕉叶大。它们令人喜欢是因为那些碧绿漂亮的大叶片里隐着的漂亮花朵。这些花朵实际上是由色彩丰富的苞片构成的花串。这些明亮的红色、橘黄色和黄色结构的花朵也能够生产丰富的花蜜来吸引蜂鸟和昆虫传粉。

海芋的巨叶

海芋也以肥大的叶片吸引人。它们是天南星科植物，多年生常绿草本，也可以说是藤本，因为它们的攀爬能力也极强。雨林里，它们的形象也很容易看到。我正是生活在这样的地方，高温，潮湿。在这样的环境里，它们长得很好，叶片肥大碧绿，闪着光泽，有的叶片可达2米，宽1米。叶片大，也体现了它们极强的生存能力。

● 在房顶上生长的海芋由于阳光充足，叶片反晒成枯黄色

人们判定说，海芋是喜荫植物。其实不应当这样表达，它们的本意是喜欢阳光，阳光越多越好。因为植株小，只能生长在林下，得不到阳光的恩泽，在长期艰难的进化中，它们将叶片扩大了，就像人类用的太阳能聚光板，以便收集光线。

● 长长的芭蕉花序

海芋作出这样的决策也是对的。草本植物不必都进化成树，实际上草本植物具有更强的生存能力，我们从热带雨林里跳出来看就会发现这个事实。但在热带雨林里，植物们的竞争过于激烈，大部分植物都朝天空奔涌而去，连棕榈这样的家伙也跟着去凑热闹了。相反，林层下面倒显得有些空间，只不过阳光少一点而已，于是，适应时势地进化出巨大的叶片，确实是明智的举动。在维持生存的大前提下，再发展一些比如说攀爬的能力，能在空中吸收水分的能力（气生根），等等，算是一专多能。当然，这些能力可用可不用，算是业余爱好，并没有根本地影响生存——巨叶收集阳光才是根本。

● 与海芋同属天南星科植物的龟背竹会在巨大的叶片上开孔

既然是这样的选择，人类判定它们是喜荫植物，就是没有道理的。就好比我为了生存必须要下矿井去，但你不能随便就断定说：哈，这家伙喜欢井下作业。

如果我在其他方面有更好的谋生的能力，我就不愿意下矿井了。

如果海芋能长到望天树那么高，它就不必长那么宽大的叶片了。

海芋在林下已经生活习惯了，将它们移植到没有遮挡的热带阳光下，它们的叶片会被烤黄。但如果这样的环境能够有足够长，它们的叶片是不是又会向着小的方向发展？

棕榈风情

棕榈科植物大多也有巨大的叶片。它们种类不少,大约2 800种。它们一般都有笔直的树干,不分枝,算是乔木。当然,也有少数是灌木或者藤本,我见过一些生长在热带的藤本棕榈植物,满身的刺,纠缠在树木之间,看起来使人害怕。它们的巨叶呈掌状分裂,或者是羽状复叶,一层层往上长,集中在树干顶部。

与芭蕉、海芋这些巨叶植物相比,它们有自己的策略:

一是它们也有收集阳光的巨叶,而且它们的叶片随着植株的长高一层层枯败,永远只留着顶部的几层来接收阳光,真是能力很强的实用主义者。不过它们中的一些种类没有这样的能力,其植株就很容易被附生植物和绞杀植物利用。

二是它们在向乔木方向发展,尽管做得有些不伦不类,但谁说它们的方式不是正确的方式?树干通直,不分枝,直线往上走,多少植物能够做到?

三是它们的叶片已不像海芋、芭蕉的叶片那样脆弱了,因为它们有更多的机会接受阳光的锻炼。而且,它们巨大的叶片多是有折的,这样也便于将暴风雨利导,生长在海边的棕榈植物这样的能力就更强了。

棕榈植物的花大多是白色或者黄色的,团状,有香味,一些蜜蜂似乎特别喜欢它们,总是围着它们嗡嗡个不停。有点弄不明白的是它们的种子。它们的种子极多,有大有小,大的如椰子,成熟时呈黄色或者鲜红色。它们有果皮,但无论如何也称不上是果肉,看起来并不想利用动物来传播。那么,它们那么多种子如何扩散到新的领地去呢?

海边的椰子我们知道是利用海水来传播,那么内地热

● 棕榈树的花对蜜蜂很有吸引力

● 密集的棕果

● 能产糖的糖棕,其果实也是人们喜爱的艺术品

带雨林里的椰子呢?

我怀疑它们正走在一条为种子进化出果肉的道路上，因为，一些棕榈果的外皮下确实有一层薄薄的果肉状的物质。

我希望有研究者用点心去研究棕榈科植物种子的传播机制，给我们解决一些疑问。或者已经有人研究并得出结论了，只不过我孤陋寡闻，不知道而已。

● 大王棕光滑的树干

雨林红叶

热带雨林中的红叶也值得讨论一下。

不管怎么说，雨林中的植物也会落叶的，只不过时间并不一定在秋天，大多数情况下，它们在旱季落叶（热带雨林地区一般分旱季和雨季），也就是温带地区的冬天及春天的时段。这些更替的落叶也会变黄或者变红，有的红色还非常显眼，比如榄仁的红叶就巨大而且鲜艳。

榄仁生长于亚洲的热带雨林中，是一种漂亮的使君子科植物。它们的果子有核桃般大，但却稍稍有些扁，外面包着绿色的果肉，也算是壳，可能就因为这样的形状而称为"榄仁"——橄榄的果仁。不过到了十月份，它们绿色的壳就变成了淡黄色了，掉到地上，准备生根发芽。

漂亮的是它们的叶，叶片大而厚，碧绿，众多叶片会在枝头形成一个包围状包着几串白色的花或者几串果。一月，它们的叶片全变红了，在热带明丽的阳光下，鲜艳，厚实，仿佛可以依靠。然后，几天时间内全部脱落。每年三月份，天

● 蒲桃的红色新叶

● 雨林落叶植物榄仁

气潮湿，雨季也快要来了，它们就迅速地长出新叶。它们落叶长叶的这个过程很短，如果从休整的角度来说，它们只是打了个盹。

冬春落叶的雨林植物不仅是榄仁，只不过它们特别一些，全部落尽，而更多的植物落叶，只是想替换部分不能发挥功能的老叶而已。因此，在这个时节，如果从天空中看，雨林里确实是彩色的，新叶长出，老叶脱落，当然，还有花的绽放。

另一些红色却不那么"老而弥坚"，它们是新长出来的嫩叶，它们的红是娇嫩的，带点紫色，叶片也多是垂着的，一段时间后，它们才能渐渐变绿。

芒果是原产于印度的雨林植物，它们在雨季到来时新长出一层层的嫩叶就带着某种令人怜爱的红。生长于马来西亚群岛的蒲桃也在雨季到来之前长出红色的嫩叶来，不过它们的红是水红，更使人喜爱了。雨林中的大多数高大树木的嫩叶都是带点红色的，不仅是上面所列举的这两种。它们产生的季节也多半是在旱季过后，雨季来临之时——那是快速生长的时节。

● 望天树淡红色的嫩叶

关于嫩叶类红叶，研究者认为，其目的主要是为了防范过强的紫外线所造成的伤害。我们可以不同意这样的观点，因为很多红色的新叶并不长在阳光下。也有人认为，这样的叶子表明有毒，是为了警告那些喜欢享用它们叶子的昆虫。

也许都有一定道理，没有研究，无法定论。

滴水叶尖

菩提树大多数情况下是与佛教联系起来的，它们是佛教徒认为的圣树。在印度、斯里兰卡、缅甸各地的寺庙中，都会栽种菩提树，印度还将其定为国树。

菩提树被圣化其实并不是因为稀少，而是因为在印度这些热带国家太过于普遍了。但到了我们国家，因为较少见，佛教徒对它们的态度就更不一般了。

● 菩提树的滴水叶尖

从植物的角度来说，菩提树就是一种生长在热带的桑科植物，更具体一点，就是众多榕树中的一种。它们具有榕树有趣的特点，比如，有悬垂的气生根，有隐头花序。但更有特点的还是它们的叶大，心形或阔卵形，有长长的叶柄，厚，表面光滑，不沾灰尘，与佛教徒的"明净"、"无尘"追求常常联系起来，叶尖有长长的尾巴，有时能有十多厘米，差不多有叶片的主体长了，人们称其为典型的"滴水叶尖"。

可见，滴水叶尖就是一些雨林植物的叶片对环境的特殊适应性。

● 水分过多，容易产生水膜并反光，影响光合作用

我们常常能看到菩提树的叶尖滴水，在雨天，它是为了排水，在晴天，那是因为它们有较强的根压，夜间抽取的水分因叶片气孔的关闭而凝聚起来，最终沿着叶尖滴下来。

热带雨林里的很多植物都有滴水叶尖。

雨林中的植物不是需要水分、需要潮湿吗？为什么还要排水呢？

● 印度胶榕的滴水叶尖

植物需要水，并不是叶片需要水，原因是：

一是不利于蒸腾作用。植物叶片的重要功能之一就是蒸腾作用，也就是像水泵一样，将根部吸收的水分以及溶解在水中的矿物营养，送到树顶，望天树能有80米的高度，这样的输送能力真是使人惊叹。但如果叶片上或者附近水分过于饱和，蒸腾作用就会大大减弱，影响正常的供水工作。

二是影响光合作用。热带雨林的内部非常潮湿，空气中的水汽及经常的降雨常在叶片的表面结成一层水膜，水膜会部分反射阳光，影响光合作用。

三是避免被寄生。潮湿的环境使叶片容易被菌类、地

● 猴面包树不仅果实大，叶片也很大

衣、苔藓、藻类侵袭，因为这些家伙更喜欢水，而叶片的排水措施，则可以避免一些附生植物在其叶片表面的生长。

会下雨的树

美洲热带的雨树有很大的树冠，能占据不少地方。它属于含羞草科雨树属，含羞草科有56属2 800余种植物，雨树属约20种。它们的高能达到20米。晚上，它们的羽状叶会收拢起来，与含羞草具有某些生物学特性，只不过没有含羞草那样反应灵敏。不过能称为"雨树"也不是白叫的，傍晚，气温下降，它们的叶片会自然闭合，从叶片气孔里蒸发出的水汽容易形成水珠，沿着叶片滴落下来，确实像下雨。

雨树的"下雨"，其实是植物的一种吐水现象。吐水现象，也有的称其为"滴泌现象"。这种现象也比较普遍，比如天南星科植物就比较明显，它们中的一些种类还被称为"滴水观音"，就是因为叶片会在晚上滴水而得名，比如竹叶，我们在早上也能看到缀满叶尖的小水珠。最熟悉的是水稻了，夏天的清晨，到水稻田里去看，它们的叶尖都有水珠呢。

热带雨林植物的叶片吐水现象就更明显了，这当然还是因为潮湿的环境决定的。产生这种现象，一般需要满足以下两个条件：一是土地或者气候潮湿，有的还是水生环境，这也是为什么这种现象主要发生在热带地区的原因。二是多在夜晚。由于潮温，空气中水蒸气接近饱和，而植物在夜晚会将叶片上的气孔关闭，水汽不易散发，同时土壤湿度大，植物根系仍然积极吸水，这就造成了植物体内水分吸入量大于蒸发消耗量，于是就在叶片上渗出来，形成水珠，然后滴落下来，就形成了"树雨"。

如果在白天，水汽以蒸汽的形式蒸发，自然也就看不到了。

我曾经在一片树林里淋过"雨"，真是滴滴答答的，能将衣服打湿。但走过去几步，却没有雨了。还好，我当时带了相机，往空中的枝叶上照了一张，可惜，机顶闪光灯并没有那么强的效果，看到的只是黑糊糊的一片。

它是一棵什么样的树呢？

● 吐水的叶片

● 夜间下雨的树，能将人淋得一身湿

● 雨树长长的荚果

第六章
茎花与茎果
ESP.6 *Jinghua yu Jingguo*

1752年，瑞典植物学家奥斯伯克乘船经过爪哇时，看到一棵树木的树干上开放着很多美丽的花朵。他当时的想法是，天哪，我又发现了一种新的寄生植物了，而且这种寄生植物居然没有叶片！他还煞有介事地把这些花命名为"寄生楝"。后来证实，那并非寄生植物的新物种，而是树木茎干上自身开出的花朵。这个现象后来被称为"老茎生花"。

● 梨形的榕果在枝干上伸展

空间意识

有人将地球上的生物分成两大类，一类是红色生物，也就是动物类，以血液为标志，一类是绿色生物，也就是植物类，以绿色的具有强大功能的叶片为标志。这种分类的意义是想区别两者在生殖及传承生命的方式上的不同。红色生物一定是将生殖器官保护起来，或者更进一步说，将对生存具有重大意义的器官保护起来。而绿色类一定是将生殖器官外向显露，尤其是开花植物的花朵，它们因为要借助外力来传授花粉，风或者昆虫，动物或者人类，都有这样的显示需要。

这样的显示，是为了适应传粉者，也是为了适应自身。因此可以说，植物们的空间意识更强。除了上面提到的原因之外，还因为它们无法像动物那样移动，更换不同的生存空间。

热带雨林里的植物空间意识更强，这当然是由于更拥挤的生存环境所决定的。

还有人归纳说，热带雨林有七大特征：板根现象、附生现象、藤本植物、绞杀现象、独木成林、巨叶现象、老茎生

● 小果榕很突兀地在树干上长出几粒

● 无忧花的空间意识很强

● 海桃椰的果实在树干上形成巨大的团状

花和老茎结果。其实热带雨林的特征，哪能这么容易作出结论。但老茎生花和结果确实是热带雨林明显的特征。植物们让这个"现象"存在的目的是为了更好地传承自己的生命基因。

　　植物们运用茎花与茎果的策略，正是雨林植物强烈的空间意识的外在体现。

　　我们知道，开花植物一出现就与昆虫和少数动物结缘，形成独特的共生传粉机制。花朵的存在就是为了传承生命，也是新生命形成的序幕。为此，植物们总是想尽办法将花朵置于最适当的位置，要么便于吸引昆虫和其他小动物来传播花粉，要么便于风来吹播花粉。

　　在热带雨林中，大部分昆虫和其他动物传粉者活动在冠层下的空间里，而且这里也确实有足够的地方供它们伸展手脚以及扇动翅膀。这样，植物们在老茎上开花显然就能较好地表明自己的目的，也让传粉者更容易看到并领会其意图，并最终帮它们实施完成这些意图。

● 一些棕榈科植物的花称为鞭花，那么它们的果实呢

● 假槟榔的茎果鲜红漂亮

除老茎生花外，还有老枝生花，还有鞭花，它们是另一种类型的"老茎生花"。对了，说说鞭花吧，它们一般发生在棕榈类植物身上，它们中的大多数总是从笔直的茎干上突然就生出一团花来，比如说槟榔、王棕等等。它们的花多呈浅黄色，很细密，也很多。蜜蜂们似乎也总是喜欢它们的花团，在里面嗡嗡个不停。它们所形成的这个巨大的下垂花序，就是人们所说的鞭花。只不过，有的可与"鞭子"联系起来，有的并无什么联系。这个名称来源于什么样的理由？

老茎生花结果现象，在热带雨林植物身上更明显，这是有数字显示的，有人统计，利用这种独特方式开花结果的植物有1 000种以上。

其实就个人来说，我是比较喜欢雨林中这种茎花茎果所带来的视觉趣味。

既然它们能被我很方便地看到，也就能很方便地被动物们看到。

● 与其他榕树相比，聚果榕能长很高，它们的果实也能挂很高

● 刺果番荔枝开在老茎上的花硬而具有瓷质感

● 西印度醋栗的茎果别具特色

树干上的炮弹

叉叶木并不常见。大多数情况下，它们是原产南美热带地区的紫葳科炮弹果属植物，但近年在我国南方热带地区也发现一些品种。它们长得并不高大，一般五六米的样子，但还算粗壮，能与普通人的腰相比。树形较杂乱。它们的叶片一簇簇长在老枝干上，成三叉状，很有特点，它们的得名就是源于这有意思的三叉叶。

更有意思的是它们的花，在雨季大量开放，就那么一堆堆地直接从苍劲的老干或老枝上长出来。虽然看上去是一堆堆的，但它们每一朵花基本都是独立的。花形有点像一只只的桶，里面包着花蕊，花色淡紫，有点不起眼，但有较浓的味道。

叉叶木的策略是，将众多的花同时在老茎上开放，形成一个独特的"花场"，对授粉者诱惑力极大。清晨，我很早就能看到大批的蜜蜂嗡嗡地围着它们飞翔，有时一朵花有四五只在争抢。它们的花开口处有一段时间是开放的，有

● 携带花粉的蜜蜂为叉叶木授粉

● 炮弹果开在老茎上的花

一段时间是收拢的，但刚好够一只蜜蜂钻进去，这其中的原因尚不清楚。我经常会见到一只蜜蜂正往里钻，却被从里面钻出来的蜜蜂推出来了，有时一朵花里面能钻出好几只蜜蜂，它们的授粉任务完成得一定很好。

授了粉，花冠落在地上，铺满一层。雄蕊附在花冠的内壁，也一起落下来。但仍然有蜜蜂不依不饶，在落花里起起伏伏。而树干上留下的只是一根根长长的柱头。

这样的花如果生在浓密的树冠层，自然不能引起授粉者如此关注。

它们的果实也有自己的策略，大，像足球，也有人称为铁西瓜，更多的人称它们为炮弹果，是古代用的圆球形炮弹，都很形象。它们就那么挂在树上，沉甸甸的，很惹眼。

炮弹果属的植物都有这样的独特策略。

● 叉叶木的叶片呈三叉状

可可树

可可是来源于美洲热带雨林的美味。它们的传播与那个寻找到美洲大陆的哥伦布有关，这其中的故事过于曲折，这里不便展开。但用可可的种子做成的巧克力就带有神秘的热带雨林的风味，这是无法回避的。而这种迷人的味道居然是因为有可可碱在里面，也就是说有点苦。

雨林里的雨季，正是可可开花结果的季节，它们的花簇生在树干或粗枝上，小，白色，经昆虫帮助授粉后，果实就悄悄地长出来了，就那样挂在树干上，很使人惊异。未成熟的可可果是浅绿色的，那种绿恰到好处。成熟的可可果呈现漂亮的红色，有点暗，有点紫，也是恰到好处，觉得它们就应该是这个样子。它们的每一个果实里面都有种子20～50粒，椭圆形或卵形，白色或淡紫色，长约2厘米，是人类需要的可可豆。种子数量众多，这也是它们重要的生

● 可可细小的花朵及新长出的绿色小果

● 老茎上的可可果颜色暗红

热带雨林之旅

存策略之一，利用数量来进行有效的扩展。

● 可可结果众多，能挂满枝头

还有，它们的种子成熟了，落在潮湿的地上，能非常迅速地生根发芽，一点都不等待，过了30多个小时，它们就失去萌芽能力了。这也是它们适应环境的独特策略——不像其他地区植物的种子，很多年过后仍能发芽——它们得抓紧时间，在雨林里展开生存的竞争。

但它们为什么不让种子同时具有较长时间的休眠期呢？也就是说，它们为什么不让自己的种子能在30个小时内萌芽，也能在几年后萌芽？

尖蜜拉及其他

尖蜜拉，桑科木菠萝属植物，也有人称其为小木菠萝，为的是与菠萝蜜稍微有所区别。它们都是马来西亚等地热带雨林中的重要植物，现在，已培育成了水果，以味道独

● 菠萝蜜的花序

● 挂在树干上的巨大菠
萝蜜果

特、气味浓郁而出名。它们的形象，可以说最具热带的"茎花与茎果"风情。

尖蜜拉和菠萝蜜的生存策略，主要体现在它们能结出巨大的果实上。相比较而言，尖蜜拉的果实较小，椭圆形，一般较大的重十多千克，大的重数十千克。菠萝蜜的果实更大一些，最大的有40多千克，一个果实基本上就赶上一个人的重量了，而且它们很多地挂在树干上，那是什么样的景象？想一想，这么大的果实密密麻麻地缀在树干上，是不是很吸引人？

这也是说明了它们为什么要在老茎上开花结果，因为只有这里才能挂住它们。

它们还用浓郁的味道吸引动物。它们成熟的果肉有很好的香味，种子就包在里面。我没有观看到动物们享用它们的场景，但相信会有动物喜欢它们，因为人类喜欢它们就是最好的证明。还有一个证明，BBC的纪录片中，记录了亚洲象享用它们的场景，巨果对巨象，真是可以联系起来的事实。

就味道来说，尖蜜拉比菠萝蜜浓烈。

● 菠萝蜜的外皮由"刺"状物构成

● 尖蜜拉的果实呈长条状

● 缀满树干的菠萝蜜巨果

有一点可以讨论，尖蜜拉和菠萝蜜包在果肉里的种子，一般有鸡蛋大小，只是更扁一些，成分以淀粉为主。热带地区的人们常将它们的种子煮熟食用，味道不错，有点像水煮的板栗，也有点像水煮的红薯，或者说是它们的综合味，硬度也大约取它们的中间值。这样的种子，如果被野象之类的动物吃下去了，它们是否会被消化？如果被消化，那么它们的策略是不是有些失误？如果不能被消化又是什么原因？是因为"坚硬"还是因为"毒素"？

野象享用它们，种子一定是经过野象的消化道的，因为它们的果肉将种子包得过于严实，如果大象也能像人类这样细心地剥开来食用，那就不是大象了，至少应是灵长类。

但猿猴们干这样的事吗？

而且，如果种子确实被动物们剥开，丢在地上，只将果肉享用了，那么尖蜜拉们也用不着进化成动物们的美味，这对自己有什么好处？

它们的果肉营养很高。

还有榴莲。如果说尖蜜拉和菠萝蜜除了热带地区的人较为熟悉的话，那么榴莲应该是被众多的人所知道了。它们也叫麝香果，关于它们的味道，传说很多，喜欢的说是美味，不喜欢的说是恶臭，写它们的文章也多，我就不一一去罗列。但我闻到的味道却不算是麝香的味道，我在景谷见到过麝香，也闻过，味道不一样。

榴莲的外皮密布尖刺，从这个情况来看，它们并不希望有动物来接近它们。人类也享用它们，打开也不容易，有的用刀撬，有的往地上摔，然后再小心掰开，然后取出包着种子的"包"。它们的"包"柔软，入口，用舌头动一下就化了。它们的种子大致和菠萝蜜的种子差不多。

● 煮熟的菠萝蜜种子味道很好

其实，无论是尖蜜拉、菠萝蜜还是榴莲，它们可能还有自己独特的传播方式：果实成熟了，没有动物关照（这好像不可能），它们啪地掉在地上，果肉已成了带着味道的糊状物，在视觉上确实很难看。很多的虫子前来享用它们，甚至还引发争斗，比如，我就常看到金龟子在上面挤来挤去，或者大黄蜂将指角蝇赶走，或者蝴蝶在上面起起伏伏……

种子显露出来了，它们是否就开始了生根发芽？

● 榴莲树的枝叶

大果榕

大果榕，也称木瓜榕，还有人称其为馒头果、蜜枇杷等，这些得名主要都是因为它们能在老茎上结出特别的果实。它们有拳头大，圆，略扁，很漂亮的形象，成熟后暗红，味甜，是众多雨林动物的美味。人类在雨林里生存，也可采食它们，但恐怕一定要与动物们争抢了。

还有一种梨形的榕果也称为大果榕。

大果榕所包括的种类似乎不少，大致是因为榕树的种类很多，约有1 500种，实在不好取名了，所以只好将果实大一些的都笼统地称为大果榕。

大果榕的策略也很有效，将花果都放在老干上，甚至是根部。我见到它们将整个根部都铺满了，硕果累累，印象极为深刻。它们的这种做法，当然也会使动物们很容易就能看到它们，并且也会"印象深刻"。

大果榕的果肉味美，雨林里从生活在高处的鸟类、灵长类以及其他大部分动物都喜欢它们，就连黄蜂、蝴蝶、蚂蚁都为它们所折服，整天围着成熟的果实打转，享用，可谓人气极高。它们的种子细小，就在果肉里，不易消化，被动物们带着走四方。

● 这种拳头大的榕果算是榕果里的老大

● 挂在高空中的聚果榕

聚果榕的策略与大果榕的大致相同，但它们有自己的优势，一是能将树长得更高，似乎不像横向扩展的榕树；二是它们的果实更多，几乎是成堆地缀满枝干，也是令人"印象深刻"。

番木瓜

和可可一样，番木瓜也是从遥远的南美洲热带雨林走出来的，现在全球大部分热带地区都种植它们，中国人称其为"番木瓜"，是为了与原产亚洲温带地区的五加科"木瓜"区别开来。

有人认为番木瓜也是老茎开花结果的植物，其实我认为它们应当不算，因为它们的生命周期并不长，几年后就会败落死去，也就是说，它们不具有真正意思上的木质树干。但是，番木瓜的生存策略却是独特而高效的，也不是一般的植物所能比的。可以用以下四点来证明：

一是它们在雨林环境里极易成活。如果阳光足够多，它们一年内就可以开花结果了，它们的花奶白色，一丛丛地长出，然后是小小的木瓜。

二是它们的种子极多。它们的果实能缀满整个树干，自下而上，由大而小，一点空隙都不留，有时能有上百个果实，真是硕果累累。还有，它们的每一个果实里的种子都有二三百粒，有的多达千粒。一棵小小的木瓜树算下来，就有数万粒种子了。关键是它们的种子还不小，不像兰花的种子虽然多却像灰尘，它们的种子是黑色的，像一粒粒铜豌豆。它们几乎将大部分养分都交给了种子。这么多种子，就是为了获取更多的传承机会。

三是它们为了传承，提供了美味的果肉，极受动物们的喜爱，自然也能帮它们传播种子。即使没有动物为它们传播，它们落到地下，因为有果肉的养分，它们也能迅速萌芽。

四是它们还有"公木瓜"。这更是别的植物所不能比的了。它们开的是杂性花，有的是雌雄同株，有的是雌雄异株，这样，它们的植株按性别就可分为三个类型：雄株，雌株，雌雄同株。我们理解，雄株只有雄花，没有雌花，实际

● 番木瓜的雌花

● 每一个番木瓜里都有数量众多的种子

● 结果的公木瓜

热带雨林之旅

● 一些木瓜树能长出奇
怪的形状

上不是这样，研究人员发现，它们的雄花内有退化雌蕊，也就是说，如果气候和环境有变化，影响传承，它们可能启动应急机制，公木瓜也结果生子。这种奇特的方式可以与人类进行类比，我是一个男人，如果我觉得应该生小孩了，我可以将自己变成女性，不用结婚，自己生一个就可以了。对了，不是一个，是一群。

真是令人惊异的生存策略。

明了的目的

原产西非热带的吊瓜树，也称吊灯树，得名源于它们巨大的果实吊挂垂悬的形象。它们是紫葳科吊灯树属植物，树高可达20米以上，主干粗壮，树冠广圆形或馒头形，羽状复叶。

特别的是它们的花。它们不算老茎开花结果，但同样有利用树下空间的策略，效果也不错，有异曲同工之妙：

● 吊瓜树利用长长的茎来让花果享受叶层下面的空间

它们将长长的圆锥花序从叶层中悬垂下来，长达一米或者数米，这里的空间可是足够大了。它们还有一招，紫红色的花，钟状，散发出特殊的气味，吸引昆虫为它们授粉，有时落在地上的花朵，还有蜜蜂围着它们飞舞。更重要的是，它们的果呈圆柱形，坚实粗大，长达半米，重可达到数千克。

杨桃是从东南亚热带雨林里走出来的茎花植物。它们不一样的生存策略是一年四季都可以开花结果，一些有年头的树一年可开花结果四次，与其他一年或者几年才开花结果一次的植物相比，它们可以说增加了更多传播种子的机会。

无忧花开得热闹，一团团的，金黄色，有时还带点红，就那么开放在树干上，当然是为了引起授粉者的注意。

雨林中还有很多茎花与茎果植物。

到这里，我们似乎可以小结一下雨林植物中茎花与茎果的目的了：

一是利用空间。树冠上都是叶片，它们都向阳光蜂拥

● 树干上的无忧花丛更容易吸引授粉昆虫

而去，而老茎上却不适合叶片生长接受阳光，植物也不需要浪费能源长些没用的叶片，于是这些地方空出来了。在这里，各种花能够很从容地开放，果实也能够很从容地结出来。

二是用好养分。老茎上养分充足，便于开花结果，也便于结出巨大的果实，或者结出无数的果实。植物生理学家则认为，雨林的常绿树开花结果所需要的养分是储藏在主干和大的树枝里的，茎花现象便于输送养分，减少能量的消耗。

● 树干上的花朵有更多的养分可利用

三是利用传粉者。空间大，花也开得各有特色，很容易引起昆虫以及其他小动物的注意，帮助传授花粉，也便于昆虫和小动物活动。

四是便于传种。老茎开花结果的植物大都能结出美味的果实，而且气味浓烈，目的当然是吸引动物们来享用，方便种子的传播。

关于植物老茎开花结果的意义与目的，正在人类中进行着讨论，但雨林植物们没有时间参与，它们正忙着开花结果。

嘣，我又听到了一声巨响，搜寻一下，原来是又一个巨大的菠萝蜜掉到地上了，已经液化的果肉四处飞溅，散发出一股说不清的臭味。

我悄悄地绕开，不打搅它们实施自己的生存策略了。

● 榕树在树干上能结出
更多的果实

● 落在地上的吊瓜树花
朵对蜜蜂也有吸引力

第七章
榕树的合作者 ESP.7

Rongshu de Hezuozhe

　　有一段时间，我专注于一棵榕树，当然这棵榕树与别的榕树也没有太大区别。如果说有区别，只不过这棵榕树上有更多奇怪的小虫子。需要说明的是，榕树因为独特的生存适应性，它们有很多种类，我见到过的只不过几十种而已。简单一点区别它们，就是叶片的大大小小和生长方向，比如大叶榕、小叶榕、垂叶榕、立叶榕等等，再简单一点，就是它们大小不一的果实，比如大果榕、小果榕、聚果榕等等。事实上，它们的果实确实有很大的区别，大的能有拳头那么大，小的只有黄豆那么大，几乎被我们忽视。

● 榕果获得了众多动物的喜爱，连蝴蝶也来享用一番

与榕小蜂结缘

我专注这棵榕树，是因为我无意中看到它们快成熟的果实上居然起落着几种只有蚂蚁大小的小飞虫，再细看，它们还有长长的"尾巴"。这"尾巴"是真长，将近它们身体的两倍。但那不是尾巴，它们也不是真的蚂蚁，它们是一种蜂类，人们称之为榕小蜂。它长长的"尾巴"是产卵器，也就是利用它将卵产于其他地方。蜂类昆虫中有很多家伙在干这种投机的事。

我专注于这棵榕树，还在于这些榕小蜂只能在这里见到，它们不像蜜蜂一样，在很多花丛都能见到踪影。

我们知道，植物以花朵中的花蜜及花粉作为礼物，提供给各种昆虫，而昆虫也并不只是享受美味，它们也在寻找美味的过程中，帮助花朵传授花粉，帮助植物完成生命传承中重要的一环。这是生物界的一种互惠双赢的关系。

我们还知道，互惠双赢的关系存在许多种。从双方对

● 我观察的就是这样一种普通榕树

● 有些榕果里面有数十只榕小蜂

应的数量来说，很多植物和昆虫都不是专一的，即一种植物的花可以为多种昆虫提供食物，而一种昆虫也可以为多种植物授粉。还有半专一性的。而这里的榕树与榕小蜂的关系，则是相依为命的专性互惠关系，也就是说榕小蜂只与榕树有关。

它们到底是一种什么关系呢？

开花植物的高明之处就在于利用花来完成生命的使命，它们与昆虫结伴并互相促进发展，大多数情况下，花都努力向着对授粉者有吸引力的方向发展，比如，将颜色无限鲜艳，将香味无限延伸，将花蜜无限甜美，将开朵开得无限适合于昆虫的停落……这些措施也都是花们应该做的，要不然也不会出现25万种不同的花朵。没有人类的干扰，开花植物还会出现更多的种类。

● 没有榕小蜂授粉，榕树的花序很快就烂掉

但榕树的花并不向张扬的方向发展，它们反其道而行之。它们一开始就长出一个像是青绿的未成熟的果实，实际上就是它们众多花朵构成的花序，它们以退为进，进化出了似乎更高明的隐头花序。这些花序圆形、椭圆形或者梨形，花朵密密麻麻着生在花序的内壁，从外边却看不到，对

此，人们送它们一个笼统且有点冤枉的名称——无花果。

在榕树青绿的果实形的花序里，它们的花也分雄花和雌花，还有受昆虫的影响而形成的瘿花，而且一些种类还会雌雄异株。

重要的是过程

当榕树的花开放时，花序的顶部打开通道，也就是一个小孔，让榕小蜂进出，为它们传粉。如果我们是一个榕小蜂，就会发现那个小小的孔虽然有点拥挤，但也够了。由于榕树花序的结构和生长习性特别，所以只有榕小蜂才能

● 从切面看，榕果的小孔都被雄蕊把守着

● 榕树的生存能力极强，在石缝中也能快速生根并开花结果

为它们授粉，离开了它们，榕树就不能结出真正的种子。当然，果还是在那里的，就是那个花序而已，而且会很快就败落。

同样，榕树的花朵也要为榕小蜂提供好处，而且提供得更彻底，服务也更到位：除了食物，还有住房，用食物建成的住房！既然有这么好的条件，榕小蜂们也不客气，它们一生的绝大多数时间都居住在榕树花序内。

这个过程我们可以这样描述：

首先，雌性榕小蜂从一个榕树花序的小洞中钻进去，在雌花里产卵，形成瘿花，而且卵只能产在雌花子房的珠心和珠被之间。为此，它们进化出来的长长的产卵器就用上了。它们从柱头将产卵器插入到合适的位置，不同榕树的花朵是不一样的，也就决定了距离不一样，所适应的榕小蜂也就不一样，它们的产卵器似乎也正好合适。

其次，榕小蜂在榕果内产卵的过程，也为榕树传授了带来了花粉。卵在榕树的雌花里发育成长，并享受无尽的食物。

再次，几个月后，新的榕小蜂长成了。首先长成的是雄

● 授粉后的大果榕逐渐成熟

性，它们来不及享受生命的空闲时光，就急匆匆地在花序内寻找伴侣，然后完成交配。新一代的受精的雌性榕小蜂于是从榕果的通道钻出去，而这时，聚生在通道口的雄花也成熟了，花粉被带走，然后雌蜂又寻找新的花序去产卵了。

这算是一个完整的过程。

那么，雄蜂呢？

雄蜂已完成了使命，消亡在花序里了。外面的世界是什么样的？它们也无从知道了。在进化的过程中，它们甚至连飞翔的翅膀也放弃了。

也许我们会说，这个进化对雄蜂来说，显然是不够公平的。

● 榕树硕果累累，但只有一部分能够产生种子

● 落在石头上的榕果，里面有很多细小的榕树种子

但什么是公平的呢?

榕树的雌花也并不能都适合产卵,否则,它们就可能只为榕小蜂提供服务而不享受回报了,因为足够多的榕小蜂可以使全部雌花都被产卵而变成瘿花——它们只提供很小的一部分适合榕小蜂产卵,其他的当然还要结果,产生种子,等待别的动物来帮忙传播,那才是根本目的。

更特别

植物和昆虫的这些复杂而微妙的关系在热带雨林中更为突出。

榕树与榕小蜂相依为命的关系,前面说过,呈现的是专性的互惠关系,用科学术语来说,是协同进化。它们的关系已经发展到了新的阶段,或者说开创了新局面,形成分工过细的专一的共生关系。研究者证实,很多榕树都只能由相对应的专门的榕小蜂为其授粉,也就是说,世界上已知

● 形形色色的榕果之:
笔管榕

的榕树有1 500多种，那么榕小蜂至少有数百种，这是相对保守的估计。

现在已知榕树的祖先榕叶属起源于白垩纪，榕小蜂的祖先小蜂总科的一些种类早在侏罗纪就已经出现。最初，榕小蜂从榕树那里获得食物建立起原始的生态关系，以后逐渐演化，在进一步的相互适应过程中，榕树的花序特化成现在的样子，以便为相对应的榕小蜂提供繁衍栖居的场所，并依赖其传粉，最终形成现在的不可互缺的专一性的协作关系。

有研究者总结了此类共生关系有几个建立和维持的基础：

一是共生双方在形态结构上的高度互适；

二是生理生态上互相吻合；

三是生活史上互相衔接；

四是与相关动物的生物学行为密切相关。

榕树与榕小蜂的专一关系的建立，还有榕树花序的气味起着重要作用。西双版纳植物园的博士研究生陈春在导师宋启示的指导下，与法国研究人员合作，通过分析榕树隐头花序挥发物和检测榕小蜂对挥发物的行为反应，发现了罕见的榕树通过释放单一的不常见挥发性化合物，达到对其传粉榕小蜂的专性吸引，以确立榕树与榕小蜂间专一性的共生关系。该项研究发现，某种化学物质在雌雄异株的鸡嗉子榕开放期挥发物中占主导地位，并在隐头花序授粉或寄生4天后完全消失，且不存在于其他榕树的花序挥发物中。生物检测发现这种化学物质对鸡嗉子榕小蜂有吸引作用，而其他不含该种化学物质的榕树的花序挥发物则无此吸引作用。

有国外的专家研究发现东非埃及榕小蜂雄蜂具有开掘飞孔的行为，以使雌蜂飞出，否则它们就会死于花序中。

还有人研究发现哥斯达黎加的两种榕小蜂有装载花粉、主动传粉的行为。

我国西双版纳的聚果榕小蜂有标记瘿花柱头，抢占繁殖资源的行为。

● 聚果榕小蜂有标记瘿花柱头，抢占繁殖资源的行为

这种专一的互惠关系，本来是高度进化的结果，但也可能走进死胡同，在气候或者人类的过度干预下，一旦其中的一方没有了，另一方也就不会出现了，这可能就是我们人类通常所说的一棵树上吊死。

从这个情况来看，对于生物物种的保护，归根结底，还是要保护它们的生存环境。

但是，这种可能性越来越小。

一些榕树和榕小蜂将面临着新的抉择，要么改变自己的演化道路，以形成更为广泛的传播机制，要么坚持现有的方式，等待消亡。榕树和榕小蜂都是具有"智慧"的生物，都具有很强的环境适应性，想必它们不会选择后者，因

● 形形色色的榕果之：对叶榕

● 形形色色的榕果之：梨果榕

为那不符合生命传承的根本目标。如果每一种生物都顽固地守着"传统"，生命将不会如此多样，热带雨林也不会存在。

恐龙都能变成鸟类，蕨类都能结出种子，凭什么榕树和榕小蜂会面临绝境？

让人类的干预来得更猛烈些吧！一些激进派的生物也许会这么说。

也许因为人类的过度干预（但不能过快，过快它们还没能反应过来，或者能反应过来，但无法在机制上作出适应），一些物种能特化出更有效的生存方式，也会变得更加智慧，最终代替人类折腾地球。

● 形形色色的榕果之：大果榕

● 形形色色的榕果之：
小叶榕

投机与合作

● 蝇类似乎也想钻进榕果去，不知它有什么目的

　　但是，现存的榕树和榕小蜂这种专一的关系并不是万无一失的，还有一些投机者存在，它们就是非传粉性榕小蜂。

　　非传粉性榕小蜂是只想利用而不想付出的家伙。它们不会钻进榕果去产卵，而在榕树的花序外面享受美好的阳光。为此，它们进化出了更长的产卵器，它们在花序外面就用产卵器将卵产在雌花里或者瘿花里（传粉性榕小蜂已产卵的雌花）。而且它们能知道雌花期的榕果不授粉很快就会脱落，于是就跟着传粉性榕小蜂后面，当传粉性小蜂工作时，它们也开始了工作。

　　我们所能了解到的也许就是这些了，这也是科学工作者们研究的结果，我的观察也只是验证这种结果的神奇。这些神奇的事发生在热带雨林，因为一年四季都会有不同的榕果在成熟，在开花。

　　但不止，我在观察它们的时候，发现一个有趣的情况，当非传粉性榕小蜂在榕树的花序外认真产卵时，榕树上奔波的小蚂蚁出现了，它们迅速地猎杀这些榕小蜂，然后沿

● 众多的非传粉性榕小蜂使榕果不堪其扰

● 一些榕果上有几个孔，显然是被昆虫啃食留下的

着树干往它们的巢拖去，而它们的巢，就是树上的某个小树洞。而且我还注意到，这些小家伙的收获还真不少。

这是榕树新的合作者？它们为蚂蚁提供住宿是为了方便让它们来对付这些不传粉的榕小蜂？如果真是这样，榕树是不是过于"智慧"了？

还不止。我曾见到一棵棕榈树上的一个小洞里长出一棵小榕树，当时还照了相，看了半天，因为不太好看，就删除了。大半年过去，再次经过那棵棕榈树，有意再看一眼，嗬，小榕树根部居然有一堆泥土。刚开始我以为是谁有意弄上去的，再一想，不对呀，这么不起眼的一棵小榕树，谁会做这样的事呢？于是细看，原来是蚂蚁的巢，还有一些蚂蚁在活动。我当然也更奇怪了，虽说蚂蚁可能在任何地方筑巢，但这棵光洁的棕榈树干上，没有隐蔽之所，没有果腹之实，确实没有可吸引它们的地方啊。我能想到的解释就是，这棵小榕树对它们有吸引力，因为蚂蚁在这里筑巢，对榕树的生长更有利。

还是那句话：如果真是这样，榕树是不是过于"智慧"了？

第八章
天南星的法宝
ESP.8 *Tianlanxing de Fabao*

　　天南星科植物给热带雨林带来无穷的风情，这种风情只与热带有关。很多温带地方移种了天南星科植物，但没有形成风情。

　　天南星科植物的花也需要昆虫授粉。对此，它们有不同于其他植物的手段，归纳起来，基本就是三个法宝：苞片、温度和气味。

● 海芋浆果鲜红漂亮，连小螽斯也来享用一番

奇特的闺房

天南星科植物，115属，2 000余种，广布于全世界，但92%以上产于热带。人类与它们关系密切，有些供药用，有些供观赏用，有些种类的块茎含丰富的淀粉，可供食用。如果在滇南的乡镇街子（集市）上行走，会看到很多源于这些天南星科的食物，有的甚至还将嫩叶和嫩茎也拿来炖着吃，味道还真不错。

与榕树相比，我对海芋的关注就更久了。我喜欢海芋，有一段时间我甚至将它们与水中的荷花相提并论——它们都给我们别样的视觉上的享受。

海芋的巨叶我们已经描述过了，这里也不再啰嗦。

这里要说的是它的花以及花后所结的果。呵呵，真是奇特的家伙。

海芋的花和大部分天南星科植物的花是一样的，肉穗花序。这类花序具有两个明显的特征：

一是具有苞片。海芋的花序外有粉绿色总苞，有的也呈现浅白色，总苞上部开展成舟状，因其形似旧时庙里供奉佛主的烛台而被称之为佛焰苞。总苞的下部合成壶状。有的种类还有更多的苞片，比如地涌金莲就有众多金黄色的苞片排列成的"花朵"。

二是特别的肉穗花序。海芋总苞里面就是肉穗花序，呈柱状，略短于佛焰苞，雄花、中性花、雌花分别着生于肉穗花序的上部、中部和下部。单凭这一点，就不是别的花所能比的。别的花多半只有雄花、雌花，而海芋有中性花。苞片的下半部分，我们可以理解为"海芋的闺房"，它确实像一个房子，将害羞的雌花包在里面。

这样的花可称为艺术品，初次见到的人还以为是假花呢。

● 海芋的苞片分为两个部分，上半部分具有吸引授粉昆虫的作用

● 尚未成熟的海芋果实就被蝗虫啃食了

● 成熟的海芋浆果被小动物一粒粒享用了

再说说苞片，它实际上就是着生于花或花序下的变态叶，一般在花蕾孕育中起保护花芽的作用。但有些植物的花冠退化或变小，而苞片从形态到颜色却很美丽。它们存在的目的，当然也是替代花冠招引昆虫，让它们更好地传授花粉。

海芋白色或者浅色的苞片，就是代替的花冠，像一展旗子，更适合在夜间吸引昆虫。同时，它还有一定的方向性，还能单独将雌花包围起来，形成"闺房"。

● 正逐渐成熟的海芋浆果

加热制造气味

● 蔓绿绒的热量就是从这些花朵中产生的

天南星科植物大多在夜晚利用或浓或淡的臭味来吸引昆虫给它们授粉。

美国人萝赛的著作《花朵的秘密生命》（钟友珊译，广西师范大学出版社，2004年）中有一章《夜在燃烧》，对天南星科植物春羽蔓绿绒加热制造气味的做法有精彩记述：

波图克图市的植物学家观察到，春羽蔓绿绒的花序到了傍晚左右就会开始加温。肉穗花序的温度和花香的浓烈程度，都在晚上7点到10点间达到高峰。

此时，拟步甲虫也从土壤中钻出，或从别的春羽蔓绿绒现身。甲虫顺着香味蜿蜒前进，当眼睛可辨认出目标物了，就直接飞入佛焰苞中……碰！撞山！甲虫跌落花室的底部。那里的雌性花会分泌一种黏黏的物质，可食用。于是甲虫就在这温暖安全又阴暗的窝爬行、吃喝并繁殖。一个佛焰苞可容纳多达两百只昆虫，活像装满冰淇淋的甜筒。

这段时间过去之后，花会降温，不过还是保持在比夜

● 海芋的花也会加热制造气味

● 蔓绿绒授粉后苞片收拢，"闺房"关闭

● 蔓绿绒的雄花（上半部的粒状）与雌花

● 蔓绿绒能开很多花

气稍微温暖一点点的温度。从别的春羽蔓绿绒来的昆虫已为雌性的小花充分传粉。第二天晚上，雄花释出花粉，甲虫往肉穗花序上方涌出，在大啖花粉的同时也粘了一身花粉。之后，甲虫又飞离了花，开始另一个新的循环。

植物学家为春羽蔓绿绒着迷。它不但会制造热量，还会因外界温度增加或降低热产量，调节己身温度。天气冷的时候，它是设定在大约37℃。不参与生殖的雄性小花会在温度低于标准时，增加热的产量，温度升高时则降低产量。天气热时，这些花则是保持将近46℃的温度。

……

蔓绿绒也需要氧气和养分来制造热量，不过它们不会发抖。它们靠的是肉穗花序上的小花上一个个的小孔,用来行扩散作用,吸收氧气。养分则是来自无生殖能力的雄性小花里面的脂肪球。这些脂肪球长得像极了哺乳类动物的棕脂,一种专门制造热量的组织。

至于春羽蔓绿绒,连在外面只有10 ℃的时候,仍能保持46 ℃度的温度,此时它产生的热量相当于一只睡眠中的家猫。动物学家赛摩尔喜欢把这种花比喻成"长在枝头上的猫"。

萝赛所描述的春羽蔓绿绒虽然也时常见到,但我没能那样观察仔细,不过像她所提醒的那样,它们包在苞片里的花柱确实有些像男性生殖器官。

春羽蔓绿绒的花固然有这些有趣的特征,但与海芋的花比起来还是简单了一些,至少它们的苞片没有分成明显的两个部分,至少它们没有中性花或者中性花不明显。

不管怎么说,海芋的雄花和雌花也是分时间成熟的,

● 海芋的雄花在完成使命后腐败,成为指角蝇的美食

这样当然也是为了避免自花授粉。当雌花阶段时，"闺房"是开放的，进去的虫子授了粉，可能就要将生命留在里面，因为苞片形成的"闺房"的门被关起来了。当上半部分的雄花释放出花粉时，苞片"闺房"又开放了，允许蝇类等昆虫自由出入，然后抹上它们的花粉，带到别处去。

魔芋的腐臭

至于臭味，天南星科中的魔芋就更有说服力了。

魔芋属种类很多，据统计全世界有260多个品种，中国有记载的是19种。我们对它们的称呼也更多，也更具中国特色，比如鬼芋、鬼头、花莲杆、蛇六谷等，总之，是突出一点"魔气"。建议有的人可以它们为主角拍摄一部魔幻电影或者创作魔幻游戏，一定会很有市场。

疣柄魔芋在长出叶片之前，总是先从土里冒出一朵奇怪的大花，远远看去，黑糊糊的。它们的雄花和雌花也分别密集在花序的上部和下部，花序的顶部还有一个黑糊糊的团状物，也会使人浮想联翩。这个奇特的花序被佛焰苞包围着，佛焰苞是紫黑色的，或者说是暗红色的，皱巴巴的样子。

疣柄魔芋这种花形也是为了吸引食腐蝇类或者甲虫来授粉。同样，它们的雄性小花也会释放热量，使佛焰苞不断升温，高温让腐尸味浓烈起来，并能扩散远播。但因为能量有限，只能加热几个小时，恶臭也只有那么一会儿。因为这些吸引措施，蝇类或者甲虫就带着其他花朵的花粉来了，钻进佛焰苞底部，传授花粉，也享用雌花分泌出来的黏糊糊的食物，还有温暖的温室环境，真是不错的地方。雄花放出花粉，它们又粘上一些花粉飞到别的花朵中去。

● 魔芋的种子依靠小动物传播

● 魔芋的茎叶有奇怪的花纹

　　疣柄魔芋的花期大约一个星期，然后花谢了，开始结果。

　　如此这般，仿佛例行公事一样。

　　巨型魔芋我只见过图片，没能亲自到它的原产地印度尼西亚的苏门答腊岛去见识一下。它是1878年在这里发现的，通常，它的花朵直径可达1米多，与大花草可有一比，只不过大花草是横向发展的，这种巨型魔芋更倾向于纵向发展。它一天可以长2米左右，平均高2米，最高的将近3米，也就是说，它基本一两天就长成了。还有，它也会在绽放后发出一种类似腐烂的肉或鱼的恶臭，因此也被人们称为"尸花"。

　　腐尸的味道是真难闻的，我有几年兼做刑侦工作，算

● 疣柄魔芋巨大的花朵

● 疣柄魔芋授粉后的雌花

是有体验。

德国波恩大学的威廉·巴斯洛特谈到对巨型魔芋进行影片拍摄时说：我们突然看到一股烟从此花的中心柱上升起。我们认为此花着火了。这股烟变成了蒸汽，有规律地一股股地喷射出来，和一波波的腐尸气味正好对应。我们曾感到奇怪，为何此花一会儿像死驴子一样难闻，一会儿几乎就没有什么味道了。我们之前从来没有看到这种周期性气味的产生。

巴斯洛特和他的小组作了这样的假设：巨型魔芋能利用热能将热臭气抽到夜空。为了获得证实，他们用红外摄像机拍下了3朵巨型魔芋的影像，当温度达到了36 ℃时，蒸汽被释放出来了。

有规律的蒸汽喷射还另有功效。巨型魔芋生长在雨林中。夜间，树冠下形成更冷的空气妨碍了其臭味的上升和扩散。通过长高并喷射热蒸汽，魔芋花就能将温暖的气味上升并广泛扩散到树冠上空，吸引传授花粉的昆虫从四处飞来。

巴斯洛特说："这可以解释为何此花如此之大。它就像雨林中的火炬，向天空发出一阵阵腐尸味。"

只不过巨型魔芋要快速长高、开花并产生热量，都需要巨大的能耗，它们前期在地下收集养分的工作做得不错。

还有，它们的花只能开放两个晚上。当然，两个晚上足够昆虫来传授花粉了。

这种短时间的开花也是由消耗的能量所决定的。它们也需要氧气和养分来制造热量，它们靠肉穗花序上的小花上一个个的小孔，用来挥发气味，吸收氧气。养分则是来自无生殖能力的雄性小花里面的脂肪球。

有人说，它们开花时所消耗的能量相当于一只飞翔的蜂鸟所消耗的能量。

其他燃烧者

某一种天南星植物有强烈的呼吸作用，它的组织中每小时的耗氧量高达它自身体积的100倍。这种呼吸与通常的呼吸作用不同的是，释放出的能量绝大部分转化成热能，因此是一种产热呼吸。产热呼吸足以使佛焰花序的温度升高20 ℃，而这比环境温度整整高出15 ℃。

萝赛在《花朵的秘密生命》中还提到一种叫巫毒百合的热带植物。它们能加温到比外面温度高出将近15 ℃。第一天开花时，温热部分会持续数小时散发粪便的气味，吸引苍蝇和其他昆虫过来帮忙。它们还有第二个步骤，再过一阵子，在花室里面，肉穗花序的基部会再次加温，大约持续12个小时，所产生的热量或可让雌性小花附近器官的味道蒸散出来。这些器官都富含淀粉，散发出来的香甜气味

● 一种不知名的天南星科植物"果棒"

● 龟背竹的棒状果实

● 能分泌"露水"的某种天南星植物的花序

可刺激昆虫交配,让它们留在花室内,直到雄性花撒下花粉才走。

　　这种植物我没有见到过,不知是什么样子。

　　地涌金莲也会发热。它们的花朵能在2月和3月约有两个星期的时间保持在15~22 ℃之间。而这个季节是很凉的,甲虫和苍蝇还不太活跃。它们的这种加热机制有些没有道理。对此,有研究者怀疑它们的这种行为或许是"演化迟延"现象,也就是地涌金莲曾经有过这种习性,后来却用不上了,但也没有丢弃,好比我们没用的家具放在一个闲房子里那样。

　　当然,地涌金莲并不只生长于热带,我童年时生活的高原,冬天尚能见到下雪,地涌金莲依然在房前屋后长得很壮实——它们是我们的一种蔬菜,云南很多地方的人们都种植它们作为蔬菜。

　　我还见到,在热带有鸟类为地涌金莲授粉。

　　天南星科植物中还有很多关于发热与气味的例子,它们的工作机制大同小异。

　　对于佛焰苞里肉穗花序的发热,其主要目的就是花序为了引诱昆虫来传粉。简单地复述一下这个过程：

第一，肉穗花序雌花成熟，需要传授花粉；

第二，启动发热机制，部分雄花或者中性花开始"燃烧"，给花序加热；

第三，因为热量增加，花序中一些带有臭味的化学物质挥发，四处扩散开来；

第四，对热度敏感的逐臭食腐蝇类或者甲虫感受到臭味，跟踪而来，进入苞片，给雌花授粉，顺便享用花序提供的食物，有的也不提供食物；

● 地涌金莲的花序

第五，苞片或者花序上的刚毛将逐臭食腐蝇类或者甲虫关住；

第六，雄花放出花粉，逐臭食腐蝇类或者甲虫被放出，粘上花粉，又飞向新的花序。

从这个过程来看，天南星科植物的做法颇费心机。

后来呢

到这里，我们已经认识了不少天南星科植物为传粉所使用的各种手段了。

那么，授粉后的海芋雌花——被苞片包着的下半部分，也就是"闺房"里，到底是一个什么样的情况呢？

● 海芋的"闺房"里有授粉者的幼虫在生长

我切开了一个苞片，有水瞬间流出来。细看，白色的雌花已变成了嫩白的浆果，像小时候撕开尚未成熟的玉米苞片所看到的玉米一样，排列整齐细致。

在苞片与嫩果之间，有一些小小的空隙，它们就是储水的空间。水流去了，却看到还有几条白色的小虫，我一怔，是蛾子的幼虫？

——还是想到小时候的玉米里去了。

这些白色的小虫是蠓的幼虫才对。

这样说，海芋还给蠓提供产卵和幼虫成长的空间？海芋与蠓的关系还有更进一步的余地？

● 海芋的花序自上而下分别是雄花、中性花和雌花

照人类生存所需要的"衣食住行"几项基本要求，海芋提供的条件已相当不错：蠓不需要"衣"和"行"的帮助，食物和居住的条件都给提供了，更确切一点说，是育儿室。

我发现，很多海芋的苞片里都有这样的情况。我也发现，这些苞片里有一些蠓的尸体，是雌性还是雄性？为什么

● 一种长着鹰眼的蝶类幼
虫正在享用海芋的叶片

在这里放弃生命？

完成授粉之后，海芋的雄性和中性花就败落了，白色
且流线型的苞片也败落了，只有下半部分紧紧地包裹着雌
花，直到海芋的种子成熟。这时，苞片从顶端反卷，裂开，
露出由众多小果排列构成的鲜红"果实"，像一个火炬，干
净大方地挺立在巨大的叶片之间。

这些鲜红晶莹的浆果，味道也应当不错，不用说小动
物们了，我看着都想将它们享用一番。

当然，我曾在夜间拍摄到尚未成熟的海芋果实就被蝗
虫啃食了，这家伙。

果实被小鸟或者小动物们（老鼠就很喜欢它们）一粒
粒啃去，果肉被消化了，里面白色而坚硬的种子却被带到远
方，排泄出来，开始新的生长。

天南科植物的种子大都有这样的吸引力。

它们还有更强的生存手段，在别的地方已经谈到过
了，这里再简单重复一下：它们的种子可能落在树干上，它
们能立根，就地生长，形成大型的附生植物；对了，它们本

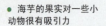
● 海芋的果实对一些小动物很有吸引力

● 海芋果实的苞片反卷裂开

身也可以称为藤本植物，它们还有气生根，这些构造都能使它们紧紧抱住依附的树干，努力向上攀爬；种子落到地上也没关系，长出来，也能沿着树干向上攀爬，如果连攀爬的地方也没有，那就说明有空间，有更多的阳光或者光线落到地面上来，它们在地面上可以长得更茂盛。

　　海芋是一种智慧的植物，它们能根据环境调整自己的生存策略，真是不敢小看它。

第九章
反策略

ESP.9

Fancelue

　　热带雨林里植物的生存策略是由环境决定的，一般情况下，它们处于一种相对"平衡"或者说是"调和"的状态，但也有一些采取较为绝对、极端的措施，甚至是完全相反的策略，使人惊异。而且正像我们对雨林了解得并不深入一样，它们可能还有更奇异的生存策略尚不为我们所知道。

● 热带雨林里隐蔽着关于植物的无限神秘

黑色之策

老虎须是一种蒟蒻薯科植物，学名叫箭根薯，在热带雨林里还不少。在我国的西双版纳，人们因其花形有些像老虎面孔，花序上有一些细丝状的小苞片像虎须而取名老虎须。但它整个花序颜色暗淡，或者说是黑色的，使人有某种不安的感受。我独自一人在雨林里行走，见到它们，固然有老朋友突然相见的惊喜感，但细看它的容颜，心中还是有点毛毛的。

植物们开花，总是想尽办法将自己弄得花枝招展，并且奉上花蜜之类的食物，吸引动物们来传粉。最不济也是白色的花，在夜间也能发挥重要作用，吸引夜间活动的昆虫，哪有像老虎须这样将自己弄成暗淡的黑色的？

这还不算，老虎须还不提供花蜜，也不散发特殊的气味，研究者还发现，它们甚至连产生后代必不可少的花粉也少得可怜，真是奇怪的行为。

● 老虎须的花朵看上去一点也不吸引人

难道有更为特殊的授粉者愿意为它们无偿服务？

过去，有些植物学家没有深入研究，只是根据老虎须的奇特形态和结构就将其归到"腐臭气味传粉综合征群"中去。所谓"腐臭气味传粉综合征群"，简单一点，就是众多传粉方式中的一种。花的传粉方式有很多种，有的是鸟媒花，有的是风媒花，有的是蛾媒花，有的是广谱性花（由多类动物传粉），等等。这些方式分属于不同的"传粉综合征群"。腐臭气味传粉综合征群，是专指那些利用苞片、花被片及其花的附属物等，形成陷阱，并发出腐烂的气味欺骗苍蝇、甲虫等帮助传粉的家伙。萝摩科、马兜铃科、天南星科和兰科等植物，大都属于这个群体。

● 黑色的老虎须多数情况下是自花授粉

为了弄清老虎须真正的传粉机制和交配系统，青年科学家张玲带队进行了深入研究，并作了一系列有意思的试验。她们先把老虎须的胡须和大苞片去掉，然后与自然授粉的花序在结果率和结籽率方面进行对照比较，结果没有发现明显的差异，这表明老虎须的胡须和大苞片对昆虫的吸引能力有限。然后，她们用纱网袋将花序套住，目的是将传粉动物隔绝在外，同样与自然授粉的花序进行对照比较，结果发现其结果率和结籽率也没有明显的下降。再后，她们用分子标记的方法，对分布在四个不同地区的老虎须进行检测，结果发现老虎须的后代绝大多数都是来自于自花授粉。再后来，她们将老虎须引种到植物园内栽培，其结果也是相同的。

● 雨林里的老虎须较为常见

通过试验，张玲及其研究团队得出结论：老虎须的繁殖几乎不借助传粉动物，而是依靠自花授粉。

那么，老虎须具有的与腐臭气欺骗性传粉植物相似的一整套形态特征是出于什么样的目的呢？

张玲认为，老虎须的传粉可能存在空间和时间上的变化，有的地区老虎须所具有的腐臭气味可能也会吸引苍蝇前来进行异花授粉，而在另一些地区却不能；即使在同一地区，当传粉昆虫密度大时，异花授粉可能会增加，而在另一些年份，则可能降低。另外，老虎须的腐臭气传粉特征在进化的过程中也许已经成为多余的了——也就是说，它们可能正由异花授粉向自花授粉退化，或者说是进化。

一花一世界

亚洲热带雨林里也长着不少竹子，它们就是我们熟知的一生只开一次花的植物。有意思的是，我还见识到了结梨子的热带竹子。如果还有人想见到它们，说实话，只有再等上百年了，因为它们刚刚开过花，结了果，死了。

梨竹是竹亚科梨竹属，高可达20米。原产于南亚地区，包括印度、孟加拉和缅甸等国。全世界1 500多个竹子品种，绝大部分结出的果子都很小，一般是看不见的。但只有两种梨竹属的大梨竹和小梨竹会结出浆果。

华南植物园内结着青色果子的梨竹属于小梨竹。

梨竹开出美丽的花穗后，不像其他竹子一样长出麦子似的颖果，而是结出梨子模样的浆果，这确实很奇特。据说这种梨竹的开花周期是120年，梨竹结果可谓百年难得一见。

梨竹不仅果实奇特，生殖方式也与众不同，那就是胎生。它的种子在母株上生根萌芽后，从母株上脱落下来，然后继续生长，最后就成为一片。一丛竹林其实是一棵，因此它们开花而死时也是一片一片的。

华南植物园是在1958年引入梨竹的，至今才有50年。梨竹提前开花，有专家认为，是环境的变化以及过去几年

● 梨竹结完梨形种子后就会死亡

● 新长出的竹笋

广州地区较为干旱等因素造成的。

梨竹还是应该生长在它的原产地的热带雨林里。

雨林里有竹子，有大龙竹，有粉箪竹，等等，但竹子不只是热带才有，而且热带雨林里如果竹子成片，那表明这片热带雨林已经荒芜了。

那么，梨竹为什么要120年才开花结果呢？这根本就与热带雨林植物用尽手段谋求生存发展的策略背道而驰啊。

劣势还是优势

还有一些一次花果植物生长在雨林里，它们的生存策略也是另类中的另类，它们所呈现出来的似乎都是竞争的劣势。

原产热带非洲的象鼻棕，因其花序形如大象鼻子而得名。它是棕榈科乔木，高可达25米，在长到高约10米时，顶端便抽出形状奇特的花序，长2～3米，粗壮弯曲，自然下

● 象鼻棕的巨型果序

● 象鼻棕的种子核桃般大小，是天然的艺术品

　　垂，确实像大象的鼻子。在植物学上，象鼻棕也被称为一次花果植物，即一生只开一次花，结一次果，然后就全株枯死。虽然象鼻棕的寿命并不算长，约为20年，但在多年生棕榈科植物中，象鼻棕这样的一次花果植物并不多见。

　　象鼻棕的种子从开花到成熟需要几年的时间。它们成熟的种子很漂亮，核桃大，金黄色，有光泽，真是难得一见的艺术品。我在西双版纳翻动它们坠落在地上的果序，漂亮的种子已被采走了，只留下一个巨大的柱状物，无数的白蚁正在进行分解工作，我赶紧松手，跳到一边去。

　　贝叶棕也是一次花果植物。它原产于印度、马来西亚、斯里兰卡等地。在古代印度，皈依佛门的教徒把经文刻写在贝叶棕的叶片上，创造了独特的贝叶经文化。贝叶棕和贝叶经随着佛教传入我国西南部分地区，对傣族文化产生了相当大的影响。

　　贝叶经的存在，也表明纸张有多种另类的存在形式。

　　贝叶棕在西双版纳叫贝多罗树。它们巨大的扇形叶由众多小叶条构成，不过是比一般的棕榈宽大一些。它们就是用来制作贝叶经的书写材料。在傣族人民心目中它们是神圣的，傣族的历史和文化主要就是以贝叶记录下来的，直到现在也很重要。我在西双版纳见到有人刻写贝叶经。

● 贝叶棕的叶片是人类传播文化的一种重要载体

　　贝叶棕在我国生长要到4～60年才开始开花结果，而在原产地只需大约20年。当植株生长减慢、叶片枯萎脱落，花序就开始从树冠顶部抽生，从花序抽生至果熟需一年左右时间，果熟后植株逐渐死亡。

　　要见到贝叶棕开花更是不容易了，它们开花一般都是作为新闻事件来报道的。

　　董棕也是热带雨林中的一种棕榈科植物，槟榔亚科，鱼尾葵属，因枝叶像孔雀开屏，又名孔雀椰子。它们主要产于印度、斯里兰卡、中南半岛等地，我国广西、云南等地也有分布。在中国，它算是稀有的大型棕榈植物，还被列为国家二级保护濒危种。它们生长约40年后便在顶端抽出花序，结果后植株枯死。

● 董棕漂亮的果串

　　显然，象鼻棕、贝叶棕和董棕这部分棕榈科植物在热带雨林中并不具有竞争优势，至少我是这么认为的。从它们的传承方式上来看难道不是如此吗？几十年才开一次花结一次果，而且它们的种子既没有飞翔的"翅膀"，也没有

● 董棕的叶片像
鱼的尾巴

讨好动物们的美味果肉，就是那样沉甸甸的一堆，还有坚硬的外壳，它们传播的优势在哪里？

事实上，它们的形象在雨林深处也并不普遍。当然，每一种植物在雨林中都无法普遍存在，即使像榕树、海芋这类能力极强的家伙也没有强大到独占一片领地的地步。但，棕榈类更少见。在雨林里，它们总是受到附生和绞杀植物的青睐，大部分情况下它们无法成长到自然死，它们的存在似乎就是为了给附生、寄生和绞杀植物收集和提供养分。

但现在，我们满眼都是棕榈科植物的形象，而且这形象也深入人心了。它们具有热带趣味，或者说热带风情，使人类的感受聊胜于无。正因为如此，它们才被人类广泛地种植到城市花园、房前屋后，这也许就是它们最成功的策略。在这里，它们少了野性，温文尔雅，像人类身边的小猫小狗，与人类发生着更为密切的关系。

原来人类才是它们生存传播的合作者。

那么，这是谁的主意呢？它们还是人类？

放弃种子

鸡蛋花也很奇怪，它们似乎放弃了种子，但又不经意地在枝头挂上果荚。

原产美洲热带的鸡蛋花开了，有白色、红色多种，但白色的鸡蛋花最雅致，有君子气，也有淑女气。说是白色的，只是从大的分类上来看，实际上它们不是纯粹的白。它们的五个花瓣一片叠着一片，有点像小时候玩的纸风车那样的回旋，由底部的嫩黄色逐步过滤到外部的白色，正像煮熟的鸡蛋那样的变化，很漂亮，而且还有淡雅的芳香，在远处闻是淡雅的，在近处也是淡雅的。

● 鸡蛋花裂开的果荚

● 鸡蛋花的种子呈梭子状

这是我多年前对鸡蛋花的描述。

仔细看，鸡蛋花却只有花瓣而少有花蕊，也就是说，它们中的大部分并没有生殖器官，没有花粉囊和柱头，它们开花不结果。

那么，它们为什么还要开出如此漂亮的花呢？是为了装饰性的审美而演化出来的？——我一直奢望有人对植物是否存在着装饰性的审美演化进行深入研究，但恐怕没人会干这种事。人们会说，这事没有意义。

那么，什么事是有意义的呢？

原来，鸡蛋花正走在另一种进化的道路上，它们将花蕊退化，也就是放弃了种子。原因是它们有另外的生存策略，它们可以利用树枝进行繁殖，而且效果明显，随便一枝插到泥地里就能成活。

但是，它们似乎也不想全部放弃种子。我们不时会看到一些新闻谈论鸡蛋花的种子。但事实上，我却经常见到它们羊角似的种子挂在枝头——满树的花就结那么一个两个。

更多的树上一个都没有。

鸡蛋花的果荚像一个过去织布用的流线型的梭子，成熟时果皮反卷裂开，种子一层层整齐地排列在果皮上，每一粒都带有薄薄的翅膀，有风吹来，就能在风中翻动飞舞。它们是利用风来传播的。

如此看来，鸡蛋花的生存策略是灵活的，它能在有性与无性之间来回选择，能向环境作出适当的妥协。

鸡蛋花既然想放弃种子，为什么还保留美丽的花瓣？真是为了审美？

● 白色的鸡蛋花确实能与鸡蛋联系起来

生命即花朵

大王花，也有人称其为大花草，分布于苏门答腊、婆罗洲的热带雨林中。它们的花朵一般直径约1米，更大的纪录是1.26米，为花中巨星。花开放后会散发腐臭的味道，这我们已经知道，其主要目的是吸引蝇类或者甲虫传播花粉，当地人因此而不客气地称其为"腐尸花"，与巨型魔芋的待遇差不多。

有意思的是，大王花的开花期只有4天，花期结束后，即像冰淇淋一样软化，只不过它们是黑色的黏性物质。然后结果，果实为直径约15厘米的球体，棕色的表面，充满乳白色，果肉里有上千粒的红棕色的种子。有树鼩、地松鼠喜欢它们的果肉，前来享用并帮助它们传播种子。

更为奇特的是，大王花的整个植株就是一朵花，而且是寄生植物，寄生在一种三叶崖藤上。研究热带雨林的专家徐仁修指出，大王花无根无茎无叶，整个植株全都退化，只有一个"吸器"将其固着在寄主身上，吸取营养。或者另一种说法更容易被我们理解，它们的生命体就是一个性器官，只是为了传承生命。

我将它们的另类生存策略小结为：生命即花朵。

一生只为一朵花？真是匪夷所思。

第十章
另类进化
ESP.10

Linglei Jinhua

　　我小时候生活在山林间，那些时光给我无尽的美好回忆，尤其是山林间那些充满诗意的小路。它们曲折，宁静，时常有意想不到的惊喜出现，野花或者小树，飞鸟或者松鼠，都不错。如果在清晨，还有晶莹的露珠陪伴着……。在这样的道路上，生存的步子快一些或者慢一些都可以。

　　雨林植物一直走在进化的道路上，这些道路应当也像我小时候所走的山路一样，众多，曲折，宁静，而且一样有不可预知的惊喜。从一个山寨前往另一个山寨，可以走这条路，也可以走另一条路，有时急，抄条近路也可以。有时闲暇，在树林里迂回玩乐，走一条全新的路也可以。

　　雨林植物们也许正是这样做的。

● 铺满一地的茅膏菜是有名的食虫植物

食肉者

如果我们研究一下猪笼草的产地分布图，就会发现它们主要生长在东南亚的热带雨林里，具体的地标，东至新喀里多尼亚，西至马达加斯加，南至澳大利亚北部，北至中国南部。

猪笼草被发现后，从17世纪开始，先引种到英国，然后在欧洲主要植物园内栽培。1882年育成了第一种栽培种猪笼草——绯红猪笼草。1911年又选育了库氏猪笼草。到了20世纪中叶，猪笼草的育种、繁殖和生产开始产业化。现在，猪笼草属植物全世界约173种。

我生活的地方属于热带，这里就生存着野生猪笼草，同样是作为新闻事件报了又报。有意思的是，在这里的一个火山口里，也生存着大量的另一种食虫植物——茅膏菜。

猪笼草的"瓶子"形叶里能分泌出和动物的消化液差不多的黏液，里面也含有胃蛋白酶和胰蛋白酶，能够分解

● 猪笼草的"瓶口"很光滑，常使昆虫站立不稳

● 谁能想到"猪笼"就从这样的简单叶尖长出来

小动物体内的蛋白质，因此有人称之为"肉食性植物"。

猪笼草的这种独特能力决定于它们生存的环境。它们往往生长在雨林中泥炭沼泽等贫瘠的地方，这些地方的土壤里大多缺乏植物生存所需要的氮以及其他一些物质，于是在长期的进化过程中，它们在叶片上完成了捕虫笼的进化。

近年来，研究专家发现一些猪笼草能与其他生物协同合作。

比如二距猪笼草与某种蚂蚁的关系就很密切。这种蚂蚁能在二距猪笼草中空的叶须中筑巢生活。当一些小虫子掉到猪笼草的消化液里，它们就去里面打捞上来享用。当然，这个打捞工作很麻烦，需要花费很长的时间。但蚂蚁们终会有所收获，它们享用了猪笼草帮它们捕获到的猎物，然后将余下的碎片重新扔回到消化液里。这些碎片，是猪笼草来享用的。

这种协作关系，猪笼草研究专家查尔斯·克拉克研究认为，二距猪笼草允许蚂蚁从其瓶状体中偷取食物，是因

● 完成了使命的猪笼草

为蚂蚁的行为有助于防止自己"吃"得过多。过量的昆虫躯体在瓶状体中会破坏消化液的化学平衡，然后会使瓶体发生腐烂，并最终导致死亡。为此，二距猪笼草给蚂蚁提供了免费食物和在它中空的叶须中筑巢的特权。

但是，二距猪笼草为什么不会消化掉这种蚂蚁？

这是个还没有结论的问题。

还有劳氏猪笼草与鸟类的关系。劳氏猪笼草瓶口宽敞，这样的形状主要是为了获取树木的落叶。更奇妙的是，劳氏猪笼草还特化出了吸引鸟儿落脚的装置，它的瓶口处的腺体能分泌白色糖粒。有体型较小的鸟儿飞来，停落在劳氏猪笼草的瓶口，享用糖粒的同时也会排泄，猪笼草的精巧结构使鸟儿必须将排泄物排到瓶口里。这样，鸟类富含氮的粪便就最终成为猪笼草的养分。

有的猪笼草则和一种角蚊之间形成奇妙的共生关系。这种蚊子的幼虫能分泌一种致命的酸液，滴于消化液中，这可以帮助捕捉并杀死那些落入瓶袋中的昆虫。

2007年，英国一个研究小组在菲律宾发现了一种巨大的肉食植物，这种植物属于猪笼草的一个新品种，可以将老鼠这样的啮齿类动物整个吞食。该研究小组用英国著名自然历史学家戴维·艾登堡爵士的名字命名了这种肉食植物。

　　热带雨林中的猪笼草，为了生存，真是用尽了心机。我们试想一下，如果将我们的手掌演化为一个杯状物，并且带有消化液，可以进食，可以消化并吸收营养，这得用多长的时间和多大的心机？

　　猪笼草的瓶状物就是从一个简单的叶片演化来的。

蚁栖树的保镖

　　在雨林中，我多次受到蚂蚁的攻击，它们下手毫不留情，总使我疼痛得要跳起来。它们主要是热带雨林里喜欢在树上筑巢繁殖的蚂蚁，织叶蚁属的黄猄蚁和切叶蚁属的黑蚁是为代表。

　　当然，它们对我下手，主要责任还是在我，因为我侵犯了它们的领地。

　　在热带雨林里，如果留意，是不难发现一些植物的树冠和枝桠甚至叶片中间有一团团的巢状物。这些巢状物多为圆形、长圆形、椭圆形或其他可能的形状，体积有大有小，大的直径能达到1米多，小的只有指头大。不要以为它们是鸟巢，它们其实是小小的蚂蚁建筑起来的，是蚁巢。

　　蚂蚁是建筑大师，这些雨林里的景象也不足为怪。它们在树上筑巢是为了居住，但主要目的是繁殖后代。

　　研究者发现，蚁类的这种树栖行为，在时间、筑巢树种、树叶、方向位置上都有选择。比如黄猄蚁善于在旱季

● 猪笼草品种众多，大多生长在亚洲热带地区

● 这片树叶显然被蚂蚁选中为"宅基地"

（也就是其他地区的冬春季节）筑巢，并进行繁殖，雨季来临前一般完成后代繁殖；在树种选择上多以这个季节开花而且有蜜源的植物为主；叶片以有韧性、硬度适中的半成熟叶为主；位置多选择在树顶或阳光能照射到的树枝上，以利于空气流动。

黄猄蚁在树上筑巢，实际上是与植物建立了共生关系。它们的攻击性很强，而且具有精诚合作的团体作战能力，它们在树上筑巢捕食，大大减少其他食叶昆虫对植物的危害。另一方面，这些树能让蚂蚁在自己身上筑巢，当然也是出于保护自己的需要。

但过多的蚁巢也会伤害叶片，过度的捕食也会减少昆虫对植物授粉的几率。

作为保镖，有些做法不能过了头。

● 生活在树洞里的蚂蚁也负有保护树木的重任

● 一些蚂蚁正开始在植物的植株上建巢安家

囚禁者

● 南美热带雨林里的水生植物王莲也有囚禁授粉者的恶习

巴西热带地区生长的巨花马兜铃，也算是大型木质藤本了，因其花朵大，成熟的果实像挂在马脖子底下的铃铛而得名。在开花季节，能看到众多花朵垂缀在藤子上，有时也能看到它们挤在根部，很有特色。

还是说说它的花。它的花形态结构非常奇特，实际上只有1片花瓣，形成一个烟斗状，长近40厘米，宽达30厘米，斑驳而巨大。第一次见到它的人都会感到非常惊异。它的花基部形成的膨大的囊，也就是人们说的"烟斗"，使人总想看看里面到底是什么。实际上，"烟斗"里也有花的雌蕊和雄蕊。它的雌蕊先于雄蕊两三天成熟，因此不会进行自花授粉，必须靠昆虫进行异花授粉。它的花朵散发出来某种味道，花瓣的形象也是重要的引诱物，引诱昆虫钻进它的"烟斗"

● 刚成型的马兜铃花是绿色的，还没到它施展魅力吸引昆虫的时候

并给雌花授粉。当这些昆虫想出来时，却发现那个很小的"烟斗"进出口不提供方便了，它用内壁的朝向里面的毛挡住昆虫，强行将它们留宿下来。但它们也不是像猪笼草、捕蝇草这些食虫植物将昆虫消化掉，而只是关着它们。过两天，雄蕊成熟了，花药破裂，散出花粉，昆虫们在花粉上打了滚，沾满了花粉，这时花朵内壁的倒毛也萎缩变软了，昆虫又可以钻出"烟斗"，嗅着气味扑向另一个"烟斗"。

干这种囚禁受粉者的家伙不少，亚马逊热带雨林水域中的王莲也干着这样的事，它们白色的巨大的花朵夜开昼合，将授粉者关两天，然后再放出来，算是绑架者，可谓是坏人的做法。

会动的柱头

姜科植物的大多数都与"香料"有关，对于现代人来说，它们过于普通，但对于中世纪的欧洲人来说，追求姜黄等香料的传奇故事可以写成若干本书。或者说，姜，一种香料，是近代殖民主义的一根撬杆。

姜科植物约52属，1 200种，分布于热带、亚热带地区，以亚洲热带地区的种类最多。中国约有21属近200种，分布于东南部至西南部各省区，以广东、广西和云南的种类最多。虽然有这么多种，我们所知道的姜科植物大多与药材和香料有关，如阳春砂仁、草果、益智、白豆蔻、生姜、姜黄、莪术、郁金等等，它们具有芳香健胃、驱风活络的功用。还有一些美丽的观赏植物，我们到热带的花园里，到处都有它们的身影。它们和人类的关系很密切。

● 山姜花上举的柱头

● 山姜花几乎是强迫大
黑粉带上自己的花粉

花朵的柱头就是花的雌性器官，它们在花朵中并不动来动去，原因当然是我们所熟知的——它们是植物。但是，姜科植物山姜属的250多种植物中，大部分的柱头都有根据需要进行活动的能力。这算是不可思议的事。这个结论是西双版纳热带植物院李庆军研究员带着团队经过长期研究得出的，我只不过经常去观察山姜们活动的情况，妙趣横生。

山姜们一般在清晨6点左右开放，迎接新的一天。在这个时间，它们中的一些花朵将柱头抬起，并将雄蕊中的花粉释放出来，当昆虫们钻进它们的花朵里享受花蜜时，就能将花粉带到身上。同时，另一些花朵则垂下柱头，准备接受花粉，雄蕊的花粉则不散出。而到了下午，这些花朵则做着相反的行为。这样一来，到晚上10点左右花朵们休息时，它们已完成了两个行为。

山姜的这些行为，有着自己的目的，主要是为了避免自花授粉，扩大基因流，使后代具有更强的生存能力。

● 艳山姜颇具"智慧"
的花序

● 一些山姜植物的总苞片像帽子一样戴在花序顶上

● 山姜下举的柱头趁机完成授粉任务

● 红豆蔻的花正在利用下举的柱头完成授粉

　　还有，山姜的花序和花形也较为适合它们的这种机制。它们是总状花序，长在枝顶，花序有个总苞片，披针形，开花时像一个帽子一样顶着，然后脱落。它们的花通常两朵聚生在一起，细看之下，两朵花之间能看到退化的残迹，表明它们正走在退化或者进化的路上——退化即进化，我们可以这么说。它们的花形像小桶，有嘴唇样的花瓣，白色，中间带红色脉纹，前面开裂。这样的花形，目的是诱使昆虫深入花内，以更好地帮助它们传播花粉。

　　山姜为自己提供方便，也为昆虫提供方便，智慧，但不投机，也算是厚道者。

精于算计的小气鬼

看过很多描述兰花的资料，都想表明它们是智慧者。

兰科植物约有18 000多种，占全世界所有开花植物的8%。研究者估计，自然界可能还有10 000~12 000种兰花没被我们明确记录下来。

兰花中的许多种只适应独特的较小的生境，并且数量稀少。这也是为什么兰花能获得那么多人的喜爱并以之为奇的真正原因。但毫无疑问，每年都有数百种兰科植物灭绝。

兰花虽然也利用昆虫传粉，但它们精于算计，对经济原则用得太好了。许多的兰科植物都有极小的花粉，要在显微镜下才能看清，它们能释放出一种类似发霉的气味来吸引小天蛾传粉。

● 千代兰利用花色吸引
昆虫授粉

● 产于印度洋群岛的风兰

美洲的一种兰花，能以气味吸引雄性蜜蜂来授粉，而这种气味居然是雌蜂的气味，雄蜂更主要是冲着雌蜂来的。

南美热带雨林中的一种兰花，它们的雌性会以"跳舞"的方式来挑衅蜜蜂，当然还得借助风力。它们的行为显然被蜜蜂们认为是侵犯者，于是蜜蜂们对它们实施反击，在这个过程中，蜜蜂便帮它们传授了花粉。

一些兰花样子奇特，看上去如同一只只正在休息的小昆虫，两个圆圆的花粉块就像昆虫的眼睛。有粗心的雄性野蜂来献殷勤了，它把花朵当成了自己的伴侣，拥抱个不停。而这时，这种兰花的花粉块便脱落下来，粘到蜂的身上，免费授粉。

● 菲律宾兜兰将唇瓣特化为兜状，以困住授粉者完成授粉任务

长瓣兜兰能在花瓣基部长出小突起以模拟蚜虫，吸引雌性食蚜蝇来产卵，使食蚜蝇以为找到了幼虫出生后的食物。这其实是长瓣兜兰的陷阱，让它们在产卵的同时也帮兰花完成了传粉。

还有很多。

总之，兰花的一些策略并不地道，它们不给昆虫们提

● 魔鬼文心兰以独特的造型和气味吸引昆虫授粉

● 惠兰利用美丽的斑点诱骗昆虫授粉却不提供好处

供足够多的美味，而是想用极少的付出获得极大的利益，经济原则利用到这个地步，估计最终的代价是没有昆虫为它们授粉了。它们将自食其果。人类就是这样的例子。

无奈的退守

热带雨林本质上也是在蕨类植物的世界里成长起来的。蕨类植物曾经创造了属于自己的森林。因为当时的环境更为温暖和潮湿，它们能长到数十米高。

我们可以描述一下1亿多年前属于侏罗纪时期的地球

森林：桫椤及苏铁、银杏、水杉等构成森林的主要部分，在这样的森林里剑齿龙钻来钻去，小型的爬树龙在树林间跳来跳去，始祖鸟在林间飞来飞去……更多的小型植物和动物则在其间寻找自己的生存空间，安身立命。

地球的大变化决定着蕨类植物命运的小变化，造山运动、冰期等，使一些植物退出地球的生命舞台，一些安宁的角落避过了这些灾难，部分植物得以幸存下来，现在，它们被称为孑遗植物。

桫椤就是孑遗植物。它被科学界称为研究古生物和地球演变的"活化石"。已知现存的桫椤科大型蕨类植物共有9属，约650种，中国有3属，20种。它们大多生活在热带、亚热带的密林中，热带雨林的沟谷边就是它们的理想之地。

环境逐渐恶化，开花植物们被逼出来了。它们利用了各种手段占据着世界的各个角落，并不断改进自己的扩张方式，迫使蕨类不断退守。

● 地球曾经被这样的蕨类叶片广泛覆盖

● 现在的桫椤虽然也称为树，但只有几米高了

● 桫椤新长出的毛茸茸的拳卷叶

蕨类植物的这种被动局面也怪它们自己。它们是靠叶片背面的孢子繁衍的，而且过程很复杂，要经过好几个步骤：第一步，孢子落入土壤，先萌发成一个原叶体（或配子体），这个原叶体有假根，能独立生活。第二步，在原叶体上长出颈卵器和精子器，精子器里的精子成熟后要依靠自身的鞭毛在水中游动，然后有极少的部分可以游到颈卵器里，与卵细胞结合成合子。第三步，合子吸收原叶体上的养料，继续发育成为一棵新的蕨类植物。

简单地说，桫椤类蕨类植物长期坚守着依赖水的生命传承方式，没有水，精子就无法游到颈卵器里去，可是，环境已越来越干旱越来越严酷了，有多少地方有水供它们游动？

还好，有证据表明开花植物也是从蕨类开始的。

雨林里的大型蕨类植物桫椤算是硕果仅存，它们从数十米的高度缩小到现在的几米高，将难得的生存空间拱手送给更多的开花植物。它们只留下关于远古，关于侏罗纪，关于恐龙的一点现实线索。

那么，它们要退守到什么程度呢？

● 这样小巧的木贼曾经有数米高

第十一章
生命的接力
ESP.11

Shengming de Jieli

哗啦，一棵大树轰然倒下。

这是一个生命结束时的回响，这一声哗啦，一定会引起森林中众多的居民关注，鸟儿们展开了翅膀，树冠上的灵长类张着人类般的眼睛，其他动物也停下了脚步或者停住了进食的嘴张望，植物们也受到震动，动用感受器官，想弄明白这声音是否与自己有关。

● 给雨林开出一个天窗的倒木

死亡是必然的

● 一些死亡腐败的植物茎干呈现出奇怪的形态

对雨林中的植物来说，不管多么长寿，多么高大，它们还是会倒下去，给别的植物让出阳光，让出空间，奉上自己曾经存在过的身体。对每一个具体的植物体来说，死亡是必然的，生命的存在不是为了享受，不是为了长多高多大，不是为了能活千年，这些都是手段，都是方式，传承才是目的，让属于自己的生命基因以适当的方式传承下去，这才是目的。

植物的生命主要就是为了传承所进行的竞争。植物有没有装饰性的进化，或者说是审美的进化？我们还不知道。

轰然倒下的大树有许多原因，有的是自然死亡——这实在是少数，也是幸运——有的是被附生植物压倒，有的是被藤本植物绞杀，有的是被真菌吞噬，等等。更多的大树可能因为暴风雨而倒下。我们知道，热带雨林每年都有2 000毫米的降雨量，大雨猛烈却短暂，大雨冲击地表，形

● 一棵巨木的倒下，对它的邻居来说是一个大事件

● 一些还站立着的树就已死亡了

成洪水，洪水冲刷土地，而大树的根却是浅的，再加上暴风雨的吹打和撞击，一棵又一棵的大树倒下了。

雨林里洪水泛滥成灾的故事每年都在上演。与人有关的，我们通过新闻可以知道，而对于雨里的植物所受的考验和灾难，只有它们自己知道。

死亡是生命的一个小小轮回，是一个关于个体成长的总结，也象征着新生命的开始。

事实上，热带雨林里的植物虽然并不在秋天落叶进入休眠，但也像所有的植物一样，它们一直在更替着生命体的部分肢体，落叶、脱枝，都是这样的策略，都是为了正在成长着的生命或者即将成长的生命。

生命的归宿是跨过生命自己。

跨不过去的生命是孱弱的，是不健康的。

● 真菌是倒木和枯叶的重要分解者

● 洪水能造成大量雨林树木死亡

● 即使缀在树干上的枯叶，也能被其他生物分解吸收

● 榕树能将其他树木绞杀致死

昆虫食客

树木倒下，身后事似乎可以不管了，但有人会管。

我们已经知道，雨林里的养分大多不在土壤里，而是流动在生命体里。一棵大树的倒下，对另一些生物来说，就意味着能享用一段时间的大餐了。

腐食性昆虫就是这些大餐的首批食客。昆虫种类繁多，食性多样，但腐食性昆虫也不少，占昆虫种类中的17.3％。这些独特的昆虫以生物体的尸体和粪便为食，同时也为雨林勤勤恳恳地做着清洁工的工作，它们似乎就是受雇于雨林。但有人却说，它们才是森林的管理者。不管是受雇佣的工人或者就是雨林的管理者，或者说是雨林的行政人员，总之，它们与雨林关系密切，互相依赖。

天牛是这些昆虫中的大类，它们也许还在树木生长着的时候就能嗅到"死亡"的气息，啃食树干，钻出很多小洞，在里面养育幼虫，它们就像人类生活在一个大蛋糕里那样使人念想。尽管很多树也许就是被它们给折腾死了，但它们更多地是享用倒下的树木。

白蚁也是重要的食客。它们的回收能力极强，如果我们生活的环境中出现它们的身影，我们可以认为它们就相

● 啃食树木的天牛

● 一只漂亮的甲虫刚从安在枯木的家里钻出来

当于隐匿在我们身边的"恶魔"，书桌被它们吃了，门框被它们吃了，甚至连墙壁都被它们掏空了。但在雨林里它们是受欢迎的，它们在地下打通道，或者在地面上建起碉堡，形成对它们的体型来说绝对是高山的建筑物。它们能上百万只地生活在一起，它们还利用真菌来做枯木的分解工作，真菌享用木材，它们再享用真菌。

还有其他一些昆虫、吉丁虫、蟑螂，以及更喜欢动物粪便的蜣螂（屎壳郎），也都是这支食客队伍的成员。

由于这些食客的享用行为，使倒下的树木变得细碎，变得更为腐败，使细菌、真菌们对它们具有更好的分解能力。

热带雨林需要这些昆虫，它们是雨林能量循环中十分重要的一环。据统计，在雨林生态系统中，有90%的植物枯枝落叶是由动物分解利用的。

● 即使活着的树木白蚁也试图将它们"分解"

● 正在进行枯枝分解再利用工作的白蚁

● 一些真菌是一些甲虫和蝇类的美食

那么,它们对这些倒下的大树有什么帮助呢?很简单,它们的帮助工作做在前面了,这棵树能长到它们大,没有这些昆虫能行吗?它们哪来的养分?

就是这些昆虫分解提供的。当然,它们只是营养接力赛中的一环。

下一棒,就交给真菌了。

真菌的意义

在雨林中，如果稍微用心一点，总能见到诗意的一景：一个雨点打在真菌露在外面的子实体上，或者我们的手不小心碰到，或者一只蜥蜴奔跑而过，卟的一声，由无数孢子构成的"轻烟"飘出来了，开始了生命的特殊旅程。

这阵轻烟对雨林来说，意义极为重大。

真菌在热带雨林里生存真是如鱼得水，这里温暖而潮湿，可以说，雨林的世界也是真菌的世界。真菌对人类来说，可以成为食物，可以带给我们视觉上的神奇和想象。但对热带雨林来说，它们不止如此。我们已经知道，雨林的土地是贫瘠的，不像温带森林大部分的营养存在土壤中，在热带雨林中，大部分营养都存在于植物体、枯木和腐烂的叶子中，要使它们循环起来，就要有一些成员来做这个工作。昆虫做了第一步的工作，真菌就要做下一步的工作。

真菌是植物的分解者，养分的循环者，而且迅速有效。

● 正在对芭蕉茎秆进行分解的真菌

● 雨林里真菌种类众多，它们的基本职责却差不多，就是分解死去的生命体，为新的生命体提供合适的养分

● 真菌对雨林能源的循环具有重要的意义

植物的主要成分是纤维素。真菌，还有细菌，利用自身的纤维素酶来分解植物遗体，成为二氧化碳、水和无机盐，这些物质又能被植物重新吸收和利用，其中水和无机盐可被植物根吸收，二氧化碳可作为光合作用原料。

随着植物的死亡，营养素很快被分解，被活体植物吸收后几乎立刻回到了系统中去。

真菌作用时的状态是不可思议的，它们像瀑布，或者说像流水，迅速占领枯木，吞噬，分解，让人无法抗击。

真菌不只帮忙制作肥料，还帮助吸收肥料。它们和植物的根形成一种不同寻常的共生关系：菌根。菌根就是土壤中某些真菌与植物根的共生体。凡能引起植物形成菌根的真菌称为菌根真菌。菌根真菌的寄主有木本和草本植物约2 000种。菌根真菌与植物之间建立相互有利、互为条件的生理整体，并各有形态特征。

菌根的作用主要是扩大植物根系的吸收面，增加对原根毛吸收范围外的元素尤其是磷的吸收能力。它们的菌丝体既向根系四周土壤扩展，又与寄主植物在组织上能够通联。它们一方面从寄主植物中吸收糖类等有机物质作为自己的营养，另一方面又从土壤中吸收养分、水分供给植物。

某些菌根具有合成生物活性物质的能力，比如合成维生素、赤霉素、细胞分裂素、植物生长激素、酶类以及抗生素等，这不仅能促进植物良好生长，而且能提高植物的抗病能力。

作为回报，植物为真菌提供糖分和根间的庇护。

具菌根的植物在没有真菌存在时不能正常生长。

没有真菌，雨林的能量就不可能快速地循环。

现在，我们知道了，真菌对整个雨林的存在有着多样性的作用，可以说，没有真菌就没有雨林。它们认真而真诚地参与了雨林生态各阶段的活动。

一阵雨点落下，又一阵轻烟飘起。

● 雨林中难得一见的毛杯菌，确实像一个杯子，里面的毛还能关住一些掉进去的小虫子

● 这些真菌像触手一样四处蔓延

● 低调的真菌

我很多次想将这阵生命的轻烟拍摄下来，无奈总是一个人在雨林中游走，实在无力完成记录这个令人动容的生命瞬间。

好在一阵阵的轻烟还在雨林中飘着。

倒下的树木正在消失。

空间战

一棵大树的轰然倒下，对周边的植物来说还有更重要的意义，或者说是一个更重要的生存机遇。

这个机遇就是倒下的大树给雨林的天篷撕开的一个裂口，也可以称为天窗。阳光从天窗里倾泄下来，启动了植物的暴增生长机制。

梦想的阳光照进现实的地面。植物们争夺阳光和空间的斗争立即展开，容不得半点迟疑。

● 树木倒下，为另一些植物的生长提供了空间

　　首先是一些生长极快的藤本（非木质藤本）和草本植物，它们细长的藤茎一天能长半米长，摇摆着茎尖四处寻找地方。但它们的工作成效并不明显，因为它们无法长高，还有更多的后来者前来。

　　然后是一些较大型的草本植物进来了，芭蕉或者姜科植物都不错，它们使这个天窗的空间层次往高处走了一些。

　　渐渐地，或者说几个月之后，灌木丛开进来了，它们是又一批抢占空间的部队。

　　然后是细长的树木。

　　取代的动作不断，每一波的替换都是为后来者奠定基础，而且这条路并不好走。

　　最后，一定有一棵或者几棵高大的树木出现，它们没有赢在起跑线上，它们靠毅力和坚韧长成参天大树，终将天窗补起来了。

　　大树们不断倒下，新的天窗正在产生。在热带雨林里，每时每刻都有生命在破坏与重建。简单一点归结，要活下去的答案就是死亡，就是更替。

● 草本植物首先抢占倒木所开辟的雨林空间

更多的植物在生生死死的门槛上进出，它们并没有
"轰然倒地"的气势，它们也许还在活着时就被分解了，
以更快的方式进入雨林物质和雨林生命的循环中，无所谓
喜，无所谓悲，这是雨林的基本规则。

雨林生生不息。

● 豆科植物的幼苗正在
阳光下努力成长

● 一棵从地下钻出来的
蕨类植物

● 阳光对这棵小榕树的
关照，使它有更多长大
的机会

第十二章
特别的动物居民
ESP.12

Tebie de Dongwu Jumin

　　清晨和黄昏，雨林的深处总会传来"欧—欧—欧"的歌声，它们是灵长类动物们发出来的。也许可以说，若干个世纪后，它们就成长为新的人类了。

　　在这样的清晨和黄昏，雨林里的世界同样热闹而繁杂，一些动物歇息了，另一些动物正抖擞精神，准备新的一天。黄昏，对夜行性动物来说，也是新的一天的开始。

　　热带雨林不仅是植物的世界，也是动物居民们的世界。这里是生物的基因库，动物种类的分化多，个体数却较少。正像有人说的，在这里找一百种动物比较容易，找一百个同种动物却不容易。当然，对这种说法也不能钻牛角尖，如果以社会性昆虫来验证，比如蚂蚁、胡蜂，那就不对了。

　　热带雨林里的动物，一般来说，与其他地带的动物相比，色彩更鲜艳，外形更奇特，或者说，更具外星气质。不同的雨林里，也有不同的代表性动物，比如美洲热带雨林里，主要有卷尾猴、蛛猴、树懒、小食蚁兽、南美貘、吸血蝠、蜂鸟、麝雉、森蚺等；非洲热带雨林里主要有大猩猩、黑猩猩、长尾鲮鲤、河马、太阳鸟等；亚洲热带雨林里主要有猩猩、长臂猿、眼镜猴、蜂猴、猕猴、巨松鼠、绿孔雀、蟒蛇、巨蜥、树蛙等；澳洲的热带雨林，主要有树袋鼠、袋貂、树袋熊、极乐鸟等。

　　名单很长，无法列清。

无法成人的孩子

灵长类是雨林动物的重要特征（除澳大利亚），它们大约有超过50个属的200种生物组成。灵长类大约在10亿年前至6.5亿年前出现，当时的它们主要以昆虫为食。较高级的灵长类直到3 700万年至2 300万年之间才出现，它们包括猴子、猿、猩猩和人。

生活在亚洲雨林中的灵长类动物更多一些。长臂猿目前有7个物种，顾名思义，它们都有着很长的手臂，但却没有尾巴。显然，长臂猿长长的手臂，已非常适宜在雨林中生存。它们在雨林的树冠层跳荡，敏捷地来去翻腾，使人叹为观止，也因此有人称它们为杂技者。

实际上，它们在冠层的移动行为有一个专门的词汇来表达，那就是"臂跃行动"，也就是说，它们的手同时也是适应雨林生存的足。它们之所以穿梭在冠层里，是因为那里有它们需要的果实和树叶，有时昆虫、小鸟以及鸟蛋也是它们的美食，一些家伙甚至会捕食其他小动物。

像其他动物一样，长臂猿也有很强的领地意识，但它们并没有很强的贪婪欲，它们只需要足够自己及家族生存

● 承载着人类某些情结的热带雨林

的地方就够了。另一方面，在雨林里占有太多的领地也不利于管理。再说，它们也有迁居的意识。

长臂猿的家庭一般有3～6个成员，通常只有一只雄性一只雌性和几个小孩。

亚洲热带雨林里还有其他的灵长类，比如猕猴、印度猴、叶猴和长鼻猴等。

我们国家的西双版纳灵长类动物也不少，主要有白眉长臂猿、白臂长臂猿和白颊长臂猿，还有猕猴、平顶猴、叶猴等。对了，还有蜂猴，也有人称其为懒猴，它的形体最小，比大一点的松鼠大不了多少。它们身体小，却有圆圆的大脑袋，大脑袋上有两只圆圆的大眼睛，这样的大眼睛适宜在夜间活动。它们大部分时间生活在树上，事实上，它们被称为"懒猴"，就是因为人们常看到它们大白天在树上睡觉。

大多数热带雨林里的动物，其成长态度是积极的，是努力向上的。但生活在这里的一些灵长类动物以及人类自己，时常将自己置于一种"慵懒"的状态，当然，这种慵懒也正是雨林优越的生存条件所馈赠的。而馈赠者，就是植物。

灵长类的慵懒就相当于放弃了进取，它们也似乎放弃了成为人类的许多机遇。机遇即挑战。生存压力是创造力的源泉，是迫不得已的动力。优越的生存环境，只提醒了它们将手臂进化的更长一点更灵活一点而已。它们尚用不着使用工具，也用不着考虑火的问题。

热带雨林里的灵长类，也许真是无法成人的孩子。

庞然大物

地球上曾出现过庞大动物的身影，它们的消亡都是因为环境的突然改变，比如侏罗纪的恐龙，比如曾经四处游走的长鼻目动物猛犸象等等。现在，热带雨林中仍有大型动物，比如亚洲象、犀牛等。但是，它们也正走在消亡的路上，这条路却是人类铺设的。

亚洲象是人类喜欢的动物，它们在热带雨林里生活得很滋润。

但那是曾经。

亚洲象属长鼻目象科，长鼻目曾有6科，其中5科已灭绝，仅余象科一科。象科包括2属2种，即亚洲象和非洲象。亚洲象与非洲象相比较，体形相对要小得多，还有，亚洲象

● 雨林里的亚洲象气势撼人

● 采食竹子的亚洲象

● 雨林里的象粪体积也不小

成年雌性没有长长的象牙，而非洲象不管雌雄都有象牙。

亚洲象的鼻子不仅是它们的重要标志之一，而且也确实灵活实用，相当于人类的手。它们的鼻子，实际上是鼻子和上唇的延长体，表面光滑，能垂到地面，走起路来不停地摇摆。它由四万多条肌纤维组成，里面有丰富的神经联系，不仅嗅觉灵敏，而且是取食、吸水的工具和自卫的武器。鼻子的顶端有一个突起，不大，上面集中了丰富的神经细胞，感觉异常灵敏。

亚洲象的耳朵也很大，宽近1米，有利于收集音波，所以听觉非常敏锐。它们彼此之间常用次声波进行联络。它们的耳朵也有散热的功能，主要是背部褶皱，增加了散热面，炎热季节，象们就不停地扇动两只大耳朵，加速耳部血液流动以便散热降温。

亚洲象的食物主要是各种竹类、野芭蕉等禾本科草本植物，棕榈科、桑科榕属类也不错。它们身体大，食量也大，每天要吃100~150千克的植物。因此，它们在雨林里要占据几十平方公里的活动领域才能使食物得到保障。它们还要从一个地方迁走到另一个地方，边走边吃，而且这是有规律地周期性活动。

亚洲象像水牛一样，喜欢玩水。它们经常到河边或水塘边洗澡，用长鼻子吸水冲刷身体，将泥土涂在身上，一是消暑，二是除去寄生虫，防止蚊虫叮咬。

亚洲象通常以家族为单位活动，成员少则三五头，多则几十头。一个家族可能由一个或多个"家庭"组成。成员之间互相帮助，和睦相处。

有意思的是，它们还处于"母系时代"，也就是，家长均为成年雌象，其他成员按年龄排列秩序，小象常能获得特别的照顾。家长决定整个群体的行动路线、时间安排、觅食场所、休息地点等，也承担着保卫群体的重要责任。家长出事了，群体就会在很短的时间里另选一个。

亚洲象在我国仅在云南有分布。1984年的调查，云南境内有野象230～263头，主要分布在西双版纳，约有170头。据联合国粮农组织专家调查，目前在亚洲国家里总共还有37 000～48 000头野生亚洲象，15 000～18 000头家象。以印度、缅甸、马来西亚、泰国、印度尼西亚和斯里兰卡

● 亚洲象的家庭生活

等国为多，其次是中国、不丹、孟加拉国、柬埔寨、老挝、尼泊尔和越南等国家。

亚洲象性情温顺善良，它们能被驯化就是最好的例证，而非洲象却不能。在印度、孟加拉国、泰国等地，大象是当地人的神物。这种人象之间的感情才是值得我们提倡的。想一想，在夕阳照耀的河边，象的主人仔细地给大象洗澡，这是多么温情的场面。

大型动物，尤其是植食性大型动物的存在，一定需要很大的生存环境，这个环境还要是稳定的，能够提供足够的食物，能够有生存传承的足够空间。曾经的恐龙以及猛犸象所生存的环境，就有这样的环境与空间，这样的环境与空间快速地改变了，它们也就无法避免地随着环境消失了。现在的亚洲象、犀牛、非洲象曾经也有非常适合的环境，但现在面临着非常尴尬的局面：因为人类正在侵占它们的生存环境。

人象矛盾也正在热带雨林及其周边愈演愈烈，但大象哪里是人类的对手。

● 雄性亚洲象的肖像

大嘴有福

亚洲热带雨林里重要的鸟类是犀鸟、孔雀、白鹇、金雉、孔雀雉、紫黄背太阳鸟、红胸蓝颈啄木鸟、红嘴鹩、红胸蜂鸟、秃鹫等等，其中犀鸟和孔雀很有特点。

● 美洲热带雨林里的红色金刚鹦鹉，嘴巴能撬开坚果

犀鸟是亚洲热带雨林的代表鸟类。它们以某些种类上嘴基部的骨质盔突像犀牛的角一样而得名。它们约有45种，形体较大，嘴巴也较大，能占到身体长度的三分之一至一半。我在边境小镇勐烈见到有人出售它们的嘴巴，据说可做药，真是不可理喻的观念。问当地人，它们叫什么？回答

美洲热带的巨嘴鸟过于完美，使人总以为是卡通形象

说，大嘴雀。云南很多地方的人都将鸟统称为"雀子"。

我还在云南德宏地区看到景颇山寨寨门上一般都有犀鸟的形象，即使在景颇族的目脑纵歌仪式中，也能见到一些人头上顶着犀鸟的大嘴巴，这至少说明，这些地方是犀鸟或者曾经是犀鸟的栖居地。

西双版纳的傣族称犀鸟为"格哈木"，主要是来源于它们的叫声。当地人也称它们为多情鸟，这是符合它们的生存习性的。它们大多雌雄成对活动，在大树洞内营巢。雌鸟开始伏巢孵卵时，封住树洞，仅留小洞可将角质嘴伸于洞外。洞里的雌鸟和雏鸟都由雄鸟寻找食物来喂养。雄鸟一旦受到伤害，巢中的雌鸟和雏鸟就会在洞中饿死。真是难得的"钟情鸟"，只是人类还在无聊地猎杀它们。

绿孔雀也生活在热带雨林中。它们的羽毛以绿色为底色，有漂亮的斑纹，羽毛有变幻的光泽。它们的主要食物是植物的嫩芽、野果、草籽、昆虫等。在西双版纳地区，绿孔雀与当地的傣族人民关系密切，人们创造孔雀舞来表现它，还创造《孔雀公主》这样动人的叙事诗来赞美它。

南美洲的热带雨林里，巨嘴鸟使人印象深刻。巨嘴鸟有6属34种，体长半米多，因嘴巴巨大而得名。它们的嘴巴确实很漂亮，形似骨质的刀，以鲜艳的黄色为主调，喙尖有其他颜色点缀，黑色或者红色，都很好看。最漂亮的是它的眼睛，四周镶嵌着天蓝色羽毛眼圈。它们主要以果实、种子、昆虫等为食，以树洞营巢。

金刚鹦鹉也是南美洲热带雨林里的鸟类明星。它们共有6属17个品种，是色彩最漂亮，体型最大的鹦鹉之一。有意思的是，它们的足能像人类的手一样进行抓握，估计再过几个世纪就进化成"手"了。它们是攀禽，适合在雨林里生存。与巨嘴鸟差不多，它们的食谱主要是植物的果实和花

● 能为芭蕉授粉的太阳鸟

生活在亚洲热带雨林里的绿孔雀

朵。同样，它们的嘴巴也强有力，可将坚果啄开。还有灵巧的舌头，可吸出果肉享用。

无疑，金刚鹦鹉是喜欢热带雨林的，不然它们为什么有那么漂亮的色彩？为什么长着那么有象征意义的嘴巴？为什么能有80年的寿命？

有一点想法是，热带雨林里的鸟类似乎并不过于张扬翅膀，它们不像迁徙的鸟那样，身形轻快，以便更适合飞行。它们似乎正在放弃翅膀，或者本身就没有将翅膀进化到足够远距离飞翔的程度。那么，这是为什么呢？是因为它们生存的环境一直足够好？

孔雀羽毛上的花纹，不仅色彩鲜艳，而且有迷人的金属光泽

有证据说，现在的鸟类是恐龙演化而来的，是一些什么样的恐龙演化为迁徙的鸟？它们是由迁徙的恐龙演化的还是成为鸟类之后才迁徙的？是什么样的环境逼迫出来的迁徙？

热带雨林里的鸟类，似乎更注重它们嘴巴的功能性和装饰性的演化，它们看起来真的很漂亮，也算是有口福的鸟类了。

白鹇有翅膀却不能远距离飞行

● 蓝色金刚鹦鹉是美洲雨林里的标志性鸟类之一

热带雨林之旅

两栖及其他

在热带雨林中，大型哺乳动物比如野象、灵长类并不容易见到，小型的哺乳动物也不容易见到，除了昆虫，最易见到的可能就是两栖动物的蛙类及爬行动物蛇类了。

雨林里蛙类种类众多，数量也不少。与其他地区的蛙类不同，热带雨林里的蛙类并不总是生活在水中，而有相当部分生活在树上，因此它们也有一个特殊的名字：树蛙。它们能够在树上生存，主要是因为它们的部分呼吸是通过皮肤来实现的，因此需要保持皮肤的湿润，而雨林的环境正提供了这样的条件。热带雨林的蛙类迁徙到树上生存，也可以避开水域里的天敌，获得了更为广泛的生存空间。

雨林里的蛙类还有一个特别的地方，它们大多数在水面上方的树枝上产卵。产卵多在雨季，雄蛙抱着雌蛙爬到树上，找一个水面上的枝叶，雌性先排出某种液体，用胫跗关节搅拌成泡沫状，然后将卵产于泡沫内。而雄蛙则排出精液，使卵受精。产卵过程达数小时。产卵后，雄性随即离开，有的雌性还会用后肢将卵泡用叶片包卷起来。它们的卵泡呈乳白色，孵化前后泡沫液化。小蝌蚪通过运动或被

● 雨林里蜥蜴种类众多，它们大多有变色的能力

● 树蛙进化出了适合树上生活的脚趾

● 鬣蜥是大型绿色蜥蜴，能长到一米多长，因为性情温和而被人类作为宠物

雨水冲刷，到达树下水池，继续生长发育，完成变态，成为新的树蛙。

雨林潮湿的空气可以保持卵泡的湿润。

树蛙在树上产卵，可以摆脱鱼、虾、水生昆虫以及一些昆虫幼虫对卵的捕食。

分布于巴西、圭亚那等热带雨林中的箭毒蛙，是最美丽的蛙类。它们有的全身鲜红，有的纯蓝，有的橙黄，总之，它们以色彩鲜艳著称。它们的体型也很小，最小的不到2厘米，大的可达6厘米。它们也是最毒的蛙类，据称毒性最强的箭毒蛙体内的毒素可以杀死上万只老鼠，真是毒王。而且它们正是用彩色的外形来警告天敌：我很毒，别惹我！

雨林里的爬行动物主要是蛇和蜥蜴。

最被我们关注的是巨大的蟒蛇，因为它们常被描绘成恐怖的家伙，实际上它们毒性并不大，而且很少伤害到人类。它们捕食不是靠毒液，而是用身体将猎物卷勒而死。还

● 一条色彩鲜艳的小蛇从树叶里探出头来探究面临的情形

● 雨林的空地里，一条蛇捕获了一只青蛙

有，大多数时候，我们也很少看到蛇类，因为它们有很好的隐蔽术，它们甚至可以把自己伪装成树叶或藤子。当然，雨林中也有毒蛇，比如蝰蛇，它有黄、绿、黄褐色和橙色等几种不同的体色。

除蛇外，雨林里还有蜥蜴。鬣蜥是大型绿色蜥蜴，能长到一米多长。它的变色本领并不很强，但它的绿色也足以应付周围的环境了。雨林中有意思的是变色龙，它们能因不同的环境而改变自己身体的颜色，令人称奇。有雨林的地方都有变色龙。

在亚洲的热带雨林中，尤其是婆罗洲岛，还有着能够滑翔的家伙。它们有30多种。而在美洲和非洲的热带雨林中，却没有或者少有滑翔客的身影。这也表明，它们生存的环境有更不一样的地方。

中国的热带地区也有滑翔客的身影，我虽然很景仰它们，却没能拍摄到它们的身影。

这些滑翔客是飞狐猴、飞鼠、飞蛙、飞蜥和飞蛇。

加强版的昆虫

雨林里当然还有隐藏更深的昆虫。

最近的研究表明，全世界的昆虫可能有1 000万种，约占地球所有生物物种的一半。当然，也有人估计在3 000万种，反正是估计，似乎越多越好。但目前被发现记录的昆虫种类仅100万种左右，但足够多了，它们已占到动物界已知种类的三分之二了。如果以1 000万种为据，那么，我们对昆虫还有90%的种类并不认识，关于昆虫的世界还有很大的认识空间。

热带雨林里的昆虫占昆虫种类的75%。这个比例来源于境外的研究估计。如果这个比例是相对准确的，那么我们认识的昆虫中就有75万种生活在热带雨林里。想一下，这真是一个很庞大的数字，我们仅认识一下那些名字需要多少时间？

热带雨林里的昆虫不仅数量众多，而且它们也被打上了雨林烙印：外形奇特，色彩鲜艳，与其他地区的昆虫相比，具有更强的隐藏和伪装能力，它们就是昆虫世界的加强版。

● 装扮成枯叶的枯叶蝶

● 在雨林里享用爱情生活的蝴蝶

● 突眼蝇将眼睛支在长长的柄上，很具热带气质

● 掉在地上装死的叶甲

● 安静地趴在芭蕉叶背面的几只沫蝉

雨林里的昆虫有很多的秘密，在这里，我们无法展开。但是，它们的存在与雨林的存在一定是共生共荣的，任何一方的缺失都会导致另一方无法存在。昆虫与其他动物对热带雨林的联系性不一样。

有人说，热带雨林里的植物为生命提供养分，而昆虫则是雨林的管家。这个观点是有道理的。昆虫们正在雨林里传授花粉，分解回收养分，忙得不亦乐乎。

我在雨林中观察过一段时间的昆虫，它们总是使我惊

● 利用造型和眼斑警示
来犯者的某种蛾蝶幼虫

● 一种具有威武气质的
螽斯若虫

奇不已：形象众多的竹节虫模仿树枝总是使我们看不到它们，一些蛾蝶的幼虫装扮成蛇的形象顶着假眼吓退侵扰者，兰花螳螂将自己变成一朵兰花以更好地捕猎，盲蛛踩着高跷捕捉角蝉，突眼蝇居然将眼睛安置在长长的柄上，漂亮的叶甲突然就掉到地上装死……

雨林是植物的天堂，也是动物们的天堂。雨林为众多动物提供生存空间和食物，照人类的说法，不仅解决了物质上的衣食住行，还有精神上的享乐——雨林，当然也是动物们的游乐场。

雨林里，无数的细节正在粉墨登场，无论人类是否在场。对雨林来说，人类不过是一个淘气的孩子，这个孩子不守森林规则，自以为是，到处折腾，但雨林没有放弃人类，最终必然是人类将自己抛弃了。

● 棘腹蛛利用长长的角警示天敌

● 粗腿大琉璃叶甲不仅会用鲜艳的色彩警示来犯者，而且会举起粗大的后腿示威

第十三章

尴尬的存在

ESP.13

Ganga de Cunzai

跳出来看，热带雨林在地球上的分布就是以蓝色为底色的一些露珠，它的底色是海洋，热带海洋。这些雨林"露珠"，碧绿、晶莹，充满生命的气息。但同时，我们也不能忘记它们是水，是极易流失的水，任何轻微的触动都会让它们消失，永不复现。

最初，这些"露珠"还能连成片，就像雨后荷叶上的积水，但终于，风吹草动，它们消失了一些，现在，它们只呈星星点点的样子，环布于赤道周围的部分地区，但也算不改其"露珠"本色。再然后呢？来自人类的触动将越来越多，它们终将消失。关于热带雨林的"露珠"，也终于只能到想象里去寻找了。

● 雨林的平衡一旦被打破，将很难恢复

脆弱的神经

雨林是娇嫩的。

人的到来，都会给生长在这些雨林里的植物们带来刺激。在云雾中或在云雾之后暂时的清朗中，静静地听，只有滴滴答答的水珠的声音，从高高的乔木叶上落下来，滴落在灌木丛叶片上，再落到肥硕的草本植物的叶片上，最后落在地上的苔类、藓类枯叶上，渗入土地……这些叮叮咚咚跳动的琴弦，在自然的韵律里，奏出水样的生命音符。

这样的音乐只属于没有人走进过的热带雨林。在森林的世界里生命伴着这些音乐成长，又将生命成长的声音构成我们无法听见的和谐的心灵之乐。大自然是有灵魂的，它们将灵魂的声音绽放给自己听。

当陌生的人走进它们的领地时，它们看到了一种奇怪的入侵，它们将舒展的心灵的门窗轻轻关闭，偷偷地看着来者。来者会给它们带来什么呢？枪声或者赞叹？这些，对它们都没有多少意义，它们悄悄地停止了舞蹈，屏住呼吸，仿佛害怕人的发现一样——这时的动物已多半被惊跑了。而你脚下踏过的草叶，也露珠散尽，像含羞草一样卷起了叶片。树木呢，也将叶的颜色变了去——它们感觉到了一股巨大的人的味道，它们尚不适应这种味道，这种味道对它们是一种无益的刺激。

也许这些生命也过于受宠，过于娇贵了，它们柔嫩的肌肤一触即破，这里没有太多的风霜给它们磨砺，一些生命在惊恐中悄悄死去。

人的脚步匆匆过去了，人的味道又慢慢散失，直到植物们敏感的嗅觉再也找不到了。它们又跳起了舞蹈，又倾听着自己的成长。

● 雨林生物之间建立了微妙的平衡，这些微妙的平衡关系构成了雨林的神经系统

● 雨林的滋润，得益于水分的丰沛

只是那种刺激的记忆永远无法抹去，植物们说不清是兴奋还是遗憾，它们会在月光地里偶尔想起，然后讨论：

"它们是什么呢？"

"它们来自哪里又要到哪里去了呢？"

"它们没有自己的地方吗？"

……

这是多年前我对想象中的热带雨林的描述。那时我还没有走进过真正的热带雨林，甚至连热带都没有到过。

热带雨林是地球上最完善的生态系统，但又是非常脆弱的生态系统。雨林中众多物种经过长期的合作和适应，达到了一种微妙的平衡。这种平衡，雨林里的任何一种生物都无法破坏，成为雨林里的霸主。

热带雨林里这些无数的微妙的平衡，构成了雨林错综复杂的神经系统。

与温带和寒带森林系统相比较，由于热带雨林存在时间更长，生物之间的相互适应更稳定，它们的神经系统也一直处于相对的稳定状态。正像人类一样，由于神经较少受到刺激性锻炼，遇上一点事就受不了，我们可称之为神经脆弱。

● 笼罩在云雾里的旱季雨林

雨林的神经正是脆弱的。一点点破坏，都可能使它们受不了。但如果有足够长的时间，它们也能作出新的平衡。但人类大规模的破坏来势汹涌，它们都还没反应过来，就被破坏了。

● 一月的清晨，常有浓雾滋润雨林

冰冷的刀子

热带雨林有着脆弱的神经，但人类破坏的刀子却是冰冷的。

人类与热带雨林的关系，大约可分为四个阶段：

第一个阶段是猿的阶段。这个阶段大致与现在雨林里的灵长类动物差不多，标志是尚不会依靠工具谋求生存。人类一直想脱离动物的范围，但这种过高的奢望使人类迷失了自己，不是动物是什么呢？——在这个阶段，人类大多还只是依靠身体本身的功能来获得生存，也就是说较少使用工具，当然也有一些会用简单的工具，比如，一些海岛上的猴子会用石块砸开椰果享用，非洲的一些黑猩猩会用枝条掏蚂蚁吃，等等。只不过会这样使用简单工具的动物不止灵长类，乌鸦可以开锁，可以喝到瓶子里的水，蜘蛛可以用飞网捕猎，这些都是明证。在这个阶段，人类与雨林的关系极为密切，只是雨林中的一个成员，必须依靠雨林生存，还完全遵循着雨林规则，正像现在亚洲雨林里的长臂猿或者非洲雨林里的大猩猩一样。

● 在小摊上出售的犀鸟嘴巴

● 雨林里的"刀耕火种"

第二阶段是学习使用自然物工具时代。这个阶段有人分为新石器时代和旧石器时代，这种划分方法太过于主观或者说是片面，人类在使用石头之前，或者说至少是同时代，也在使用竹木工具，为什么不以它们作为"时代标志"？这个阶段，虽然工具直接来源于自然，但人类已开始

不守雨林规则了，人类走上了一条奇怪的小路。

　　第三个阶段是铁器时代。人类已开始破坏雨林，在其中"刀耕火种"了。这种生存方式直到现在还在热带雨林地区大量存在。人们放一把火，将一片森林烧了，用砍刀砍一砍，用铲刀粗糙地种几年庄稼，然后放弃，再找一个地方放一把火。这种方式，虽是破坏，但能力有限，是零星的破坏。雨林也较为容易恢复。我们已经谈到过，雨林中出现一块空地时，周围如果有成片的雨林并且土壤没有被化学物质毁坏，植物会迅速占领这些地方。20年后，这些土地又可以成为雨林初步样子。但新生长的次生林多样性远不如以前，冠层难于在短期内形成，动物自然较少，而地面植物则很浓密。不知道从次生林恢复到原生林状态得需要多长时间，估计也得数百甚至上千年吧。

第四是机器时代，人类大规模砍伐树木，肆无忌惮地破坏雨林。近200年来，工业飞速发展，人类对木材和森林产品的需求剧增，也开始了对热带雨林疯狂的开采。特别是最近一些年，人口暴涨，大片热带雨林变为种植园和耕地，雨林已经消失和片断化，城镇却像森林般生长起来了。

关于雨林被大规模砍伐变为耕地和种植园这种事，从欧洲殖民者到达美洲热带雨林地区就开始了，直到现在也没有停止过。人们以为雨林这么丰饶，在里面种作物一定有很好的收成。其实却不然，几年后，这些土地荒芜了，他们

● 雨林为人类提供了众多的食物

所做的只是对脆弱的雨林系统的破坏。事实上，被砍倒的雨林植物只有为数不多的营养。还有，没有菌根，没有其他的土壤生物来固定营养素，土壤营养很快就会消失。因为它们不在生态的循环中，只有付出，没有回收和固定，这个原因我们已在前面分析过。

几年后，土地没有了营养，化学物质却不断被加入。

随着刀子的升级换代，热带雨林的破坏的程度越来越严重，地球上其他生物灭绝的速度也越来越快。最后，一定是人类自享恶果。从进化的角度来说，人类已到生存的顶峰，接下来走的是什么样的路？

人类能脱离地球生命的规则？

难堪的后果

热带雨林的破坏，首先导致环境恶化和水土流失。

我们出于美好的愿望，假设热带雨林从现在开始已经不被破坏了，我们在试图恢复已经破坏的雨林，会是一个什么样的状况呢？

首先，植物的种子无法传播到这些荒芜的土地上。一些植物的花粉及种子的传播者因为雨林的消失而消失，这些植物的花粉无法正常授粉，种子无法正常传播，这些被破坏的土地得不到一些物种的光顾，如何能将雨林恢复？

再退一步，植物的种子即使有了传播，大多数也无法在干旱的环境里成长。这些植物大多可能是利用风来传播种子的，它们在热带雨林里更适应阴暗的雨林地表的生存环境，或者是附生的环境，它们来到荒芜的土地上，空旷，干热，缺乏营养，它们无法生根发芽。

再有，雨林被破坏后也会引起菌根死亡。这种共生菌根的消失降低了树木从土壤中汲取营养素的能力。由于大多数树种都有自己特有的共生菌根，所以这种真菌特别难以被别的菌类所代替。

● 雨林里的捕鸟人，捕捉十只鸟大约有一只能成活

● 没有庇护，雨林里的家园也没有了以往的诗意

还有，雨林被大规模破坏后，多半由杂草和灌木占据，这也会使雨林植物在这些地方的再生受到阻碍。

从这个情况来看，雨林的恢复已不太可能，更何况破坏还在进一步加剧。

热带雨林消失，还使大量物种灭绝。

我们知道，雨林植物和动物之间已形成了十分复杂的依存关系。有研究者作出粗略的统计，要保持一个动物物种在短时期存在需要保留有50个成年个体，保持一个动物物种长期存在需要保留有500个个体。在马来西亚的热带雨林里做的调查研究表明：要保持头盔犀鸟这个种，需要保留500个个体，那么就需要有10平方千米雨林；要保持某个猿种，需要186平方千米雨林，要保持长尾猕猴这个种则要90平方千米雨林。

形成一个物种需要很多万年的时间，而人类灭绝一个物种，居然是几十年或者是几年就做到了，真是无可救药的行为！

人类也是一个地球生物物种，与其他生物有着极为密切复杂的依存关系。雨林的消失，物种之间平衡关系的打破，人类给自己找麻烦。

人类试图建立只有人的人类规则，有什么意思？

回过头来看，人们需要热带雨林，也可以利用热带雨林，只要是在热带雨林的承受能力之内进行开发，热带雨林是可以更新和永续利用的。

● 雨林里的人类居民

终成想象

热带雨林还承载着我们某种情结，某种家园感和归属感，它们也是我们的想象之地，精神之地。

说是想象之地，是热带雨林不一般的特征和气质所决定的，热带、森林、雨，这些词本身就能使人产生无穷的想象。

　　雨林里还隐藏着无限的可能，关于它的很多内容我们还不知晓。它们比天空更曲折，更幽暗，更神秘，更多样，而这些因素正是人类好奇心的重要依附。在雨林里，即使同一个人站在同一个点朝同一个方向看去，两次所注意到的

● 植物们努力进化出来的生存能力，敌不过人类的大肆破坏

景象也会不一样。想一想，这是一种什么样的吸引力？当我们身边的世界已没有好奇心，或者已无法承载我们的好奇心的时候，我们凭什么活着？

雨林，正是我们的想象和好奇所在。

今天，热带雨林仍覆盖着地球上广大的地区，特别是在南美洲的亚马逊河流域，一望无际的大片热带雨林仍然存在着。与世界其他类型的植被相比，它仍是覆盖面积最大的植被类型。然而，同几百年前相比，现今的热带雨林已大为减少了。

● 有雨林的庇护，人类的生存是安宁而美好的

　　我喜爱的西双版纳热带雨林就是这样，东南亚的热带雨林也是这样，更大范围内的热带雨林也走在这条路上。一旦被破坏，雨林就不可能再恢复了。这不是时间的问题，因为破坏是一波接着一波涌来的。

　　植物为了生存，进化出无数令我们惊奇的手段和策略，直接面对竞争者和敌人。但人类，却成为了它们无法抗拒的敌人。

　　雨林没有了，我们关于森林的想象和好奇心该挂在什么地方？

　　无法回避的事实是：雨林正在消失。

　　雨林只存在于想象之中。这一天已经不远了。

● 热带雨林，是否最终只能存在于人类的想象中

● 没有雨林，雨林里的动植物何去何从

● 雨林，承载着我们众
多的好奇和想象